本书的出版得到以下项目及课题的支持

国家国防科技工业局重大专项计划：基于高分数据的主体功能区规划实施效果评价与
辅助决策技术研究(一期)（00-Y30B14-9001-14/16）
国家重点研发计划：生态退化分布与相应生态治理技术需求分析（2016YFC0503701）
国家重点研发计划：全球多时空尺度遥感动态监测与模拟预测（2016YFB0501502）
中国科学院战略性先导科技专项（A类）："三生"空间统筹优化与决策支持（XDA19040300）

■ 主体功能区规划评价丛书 ——

主体功能区规划
实施评价与辅助决策
指标与模型

胡云锋　戴昭鑫　张云芝 等/著 …………
赵冠华　董　昱　明　涛

科学出版社
北　京

内 容 简 介

本书通过回顾全国和省级主体功能区规划以及区划指标体系的遴选、构建过程，对比分析了不同指标体系方案的特点，提出了高分遥感主体功能区规划实施评价与辅助决策指标体系的总体设计原则和基本评价目标，设计了高分遥感主体功能区规划评价与辅助决策指标（专题产品）体系的系统框架，并进一步结合高分遥感数据特点，利用其他多源多尺度数据，对指标体系的数据支撑能力开展了分析。研究内容为后续的指标模型研究、软件模块研发、案例区示范应用等工作奠定了基础。

本书可供广大地学和空间科学领域从事地理信息系统、城市规划、遥感等研究的科研人员及相关高等院校教师和研究生参考使用。

图书在版编目(CIP)数据

主体功能区规划实施评价与辅助决策．指标与模型／胡云锋等著．
—北京：科学出版社，2018.7
（主体功能区规划评价丛书）
ISBN 978-7-03-057657-6

Ⅰ.①主…　Ⅱ.①胡…　Ⅲ.①区域规划–应用软件–研究–中国
Ⅳ.①TU982.2

中国版本图书馆 CIP 数据核字（2018）第 123989 号

责任编辑：张　菊／责任校对：彭　涛
责任印制：张　伟／封面设计：无极书装

科 学 出 版 社 出版
北京东黄城根北街 16 号
邮政编码：100717
http://www.sciencep.com

北京虎彩文化传播有限公司 印刷
科学出版社发行　各地新华书店经销
*

2018 年 7 月第 一 版　开本：720×1000　1/16
2019 年 3 月第二次印刷　印张：7 3/4
字数：160 000

定价：98.00 元
（如有印装质量问题，我社负责调换）

丛书编委会

主　编：胡云锋

编　委：明　涛　李海萍　戴昭鑫　张云芝

　　　　赵冠华　董　昱　张千力　龙　宓

　　　　韩月琪　道日娜　胡　杨

总　　序

进入 21 世纪以来，随着中国经济社会的持续、高速发展，中国的区域经济发展、自然资源利用和生态环境保护之间逐渐形成了新的突出矛盾。为有效开发和利用国土资源，实现国家可持续发展目标，中国科学院地理科学与资源研究所樊杰研究员领衔的研究团队开展了全国主体功能区规划研究，相关研究成果直接支持了党中央、国务院有关国家主体功能区规划的编制工作。主体功能区发展战略的提出是我国国土空间开发管理思路和战略的一个重大创新，是对区域协调发展战略的丰富和深化，对中国区划的发展具有重要的现实意义。

2010 年，《全国主体功能区规划》由国务院正式发布。该规划为各省、自治区和直辖市落实地区主体功能规划定位和规划目标提供了基本的理论框架。但要在实践和具体业务中真正落实上述理念和框架，就要求各级政府及其相应的决策支撑部门充分领会《全国主体功能区规划》精神，充分应用包括遥感地理信息系统在内的各项新的空间规划、监测和辅助决策技术，开展时空针对性强的综合监测和评估。2013 年以来，以高分 1 号、高分 2 号、高分 4 号等高空间分辨率和高时间分辨率卫星为代表的中国高分辨率对地观测系统的成功建设，为开展国家级主体功能区规划的快速、准确的监测评估提供了及时、精准的数据基础。

在《全国主体功能区规划》中，京津冀地区总体上属于优化开发区，中原经济区总体上属于重点开发区，三江源地区总体上属于重点生态功能区和禁止开发区。这三个地区是我国东、中、西不同发展阶段、发展水平的经济社会和地理生态单元的典型代表。对这三个典型功能区代表开展高分辨率卫星遥感支持下的经济社会及生态环境综合监测与评估示范研究，不仅可以形成理论和方法论的突破，而且对于这三个地区评估主体功能区规划落实状况具有重要应用意义，对于全国其他地区开展相关监测评价也具有重要的参考价值。

在国家国防科技工业局重大专项计划支持下，胡云锋团队长期聚焦于国家主体功能区监测评估领域的研究，取得了一系列重要成果。在该丛书中，作者以地理学和生态学等基本理论与方法论为基础，以遥感和 GIS 为基本手段，以高分遥感数据为核心，以区域地理、生态、资源、经济和社会数据等为基本支撑，提出了具有功能区类型与地域针对性的高分遥感国家主体功能区规划实施评价的指标体系、专题产品库和模型方法库；作者充分考虑不同主体功能区规划目标、区域特色、数据可得性和业务可行性，在三个典型主体功能区开展了长时间序列指标动态监测和评估研究，并基于分析结果提出了多个尺度、空间针对性强的政策和建议。研究中获得的监测评价技术路线、指标体系、基础数据和产品、监测评估的模型和方法等，不仅为全国其他地区开展主体功能区规划实施的综合监测和评估提供了成功范例，也为未来更加深入和精准地开展空间信息技术支撑下的区域可持续发展研究提供了有益的理论与方法论基础。

当前，中国社会主义建设进入新时代。充分理解和把握新时代中国社会主要矛盾，落实党中央"五位一体"总体布局，支撑新时代下经济社会、自然资源和生态环境的协调与可持续发展，这是我国广大科研人员未来要面对的重大课题。因此，针对国家主体功能区规划实施的动态变化监测、全面系统的评估和快速精准的辅助决策研究还有很远的路要走。衷心祝愿该丛书作者在未来研究工作中取得更丰硕的成果。

中国科学院地理科学与资源研究所
2018 年 5 月 18 日

前　　言

主体功能区发展战略是区域经济社会与自然环境和谐发展的必然选择。在主体功能区规划实施阶段，对国家主体功能区开展必要的监测和评估是掌握主体功能区规划落实和调控主体功能区运行状态的基本途径。目前，学术界对于主体功能区规划实施评价的指标体系的研究已有一些进展，但其规范性与成熟度并不高。各领域专家的研究主要是从各自部门、学科、层级出发，探讨规划实施评价指标体系构建的原则、具体内容，但是对规划实施评价指标体系的对比研究、数据支撑能力研究、实践应用效果研究等还比较少。

本书主要通过归纳国内外关于主体功能区规划和其他区域规划实施评价研究成果，提炼不同研究涉及的指标框架和具体指标，在中国主体功能区规划方案与典型案例区定位特点解析基础上，深入分析我国不同类型的主体功能区的规划定位、规划目标、规划方向、规划内容等要求，充分结合我国高分遥感数据，提出了主要基于国产高分遥感数据的国家主体功能区规划实施评价与辅助决策指标体系的总体框架、研制目标与设计原则。

本书共分为 4 个部分、8 章。第一部分包括第 1 章和第 2 章，是研究背景及主体功能区指标体系国内外研究进展的论述；第二部分包括第 3 章和第 4 章，是主体功能区指标体系设计原则、内容框架与流程设计的介绍；第三部分包括第 5 ~ 7 章，是对主体功能区规划监测评价产品与辅助决策专题产品的模型深入分析；第四部分就全书内容进行了提要总结，形成了第 8 章。

本书内容是由国家国防科技工业局重大专项计划"基于高分数据的主体功能区规划实施效果评价与辅助决策技术研究（一期）"（00-Y30B14-9001-14/16）科研项目长期支持形成的结果。具体工作由中国科学院地理科学与资源研究所相关科研人员完成。

研究过程中，作者得到了国家发展和改革委员会宏观经济研究院、中国科学院地理科学与资源研究所、国家发展和改革委员会信息中心、中国科学院遥感与数字地球研究所等单位，以及曾澜研究员、刘纪远研究员、樊杰研究员、周艺研究员、王世新研究员、李浩川高工、孟祥辉高工、吴发云高工等专家的指导和帮助，在此表示衷心的感谢！本书编写过程中，参考了大量有关科研人员的文献，在书后对主要观点结论均进行了引用标注，作者对前人及其工作表示诚挚的谢意！引用中如有疏漏之处，还请来信指出，以备未来修订。读者若对相关研究结果及具体图件感兴趣，欢迎与我们讨论。

前人许多工作与研究成果为本书的研究提供了很好的基础和参考，但是主体功能区监测指标非常复杂且与区域自身特色、目标及数据可得性等密切相关。如何既综合又深入地厘清中国不同主体功能区综合监测和评估中的重大关键问题，这对我们来说是一个非常大的挑战。限于作者的学术水平和实践认识，本书难免存在不足之处，敬请读者不吝批评指正，以利于我们能在未来提高。

作　者

2018 年 1 月

目　　录

第1章 主体功能区研究概况

1.1 国外功能区划分

对一个国家和地区的国土进行规划，以保持合理的区域分工和区域间相对平衡的发展，是国际上很多国家的共同做法，它是政府科学管治国土开发、协调区域发展的重要手段[1]。国际上区域规划兴起于20世纪20~40年代，这个时期的规划以城市为核心，将城市与周围区域融为一体进行整体规划，对缓解城市无序扩张所产生的"城市病"起到积极作用[2]。德国是比较早进行区域规划的国家，作为地方高度自治的联邦制国家，德国形成了完整的空间规划体系[3]。自70年代以来，美国商务部经济分析局（Bureau of Economic Analysis，BEA）专门负责标准区域的划分、统计以及调整[4]，它划分经济地区的基本空间是县，其划分标准依托行政区划体系，但又不同于行政区划体系，具有一定的合理性和灵活性[5]。英国的区域规划为自上而下的三级规划体系，第一级是全国发展规划、区域发展战略和区域规划构成的国家级规划，第二级是以结构规划为主的郡级规划，第三级是以地方规划为主的地区规划[6]。日本则以城市优化空间结构为出发点，侧重解决的是区域发展不平衡问题，进而实现整个国家发展的均衡化[7]。

1.2 国内主体功能区提出

随着国际上很多城市对城市规划研究的重视与发展，中国城市规划也逐步开展。尤其自改革开放以来，伴随着经济整体实力显著提升的同时，国土开发无序、区域发展失衡等影响中国持续健康发展的问题也开始出现，国土空间开发普遍存在开发利用的低效浪费和违背空间属性的盲目开发现象[8]。为有效保护和开发国土资源，实现国家可持续发展目标，樊杰等提出了一套以服务国家自上而下的国土空间保护与利用的政府管制为宗旨，且具有实用性、创新性和前瞻性的中国主体功能区划方案[9]。2010年，该方案被国务院作为"全国主体功能区规划"发布，随后在《中华人民共和国国民经济和社会发展第十二个五年规划纲要》（简称《"十二五"规划纲要》）中上升为"主体功能区战略"，2013年在党的十八届三中全会通过的《中共中央关于全面深化改革若干重大问题的决定》中被确定为"主体功能区制度"[10]。"主体功能区战略"的提出是我国国土空间开发管理思路和战略的一个重大创新，是对区域协调发展战略的丰富和深化，对中国区划发展具有重要的现实意义[11]。

中国主体功能区规划，总体来说就是以服务国家自上而下的国土空间保护与利用的政府管制为宗旨，运用并创新陆地表层地理格局变化的理论，采用地理学综合区划的方法，通过确定每个地域单元在全国和省（自治区、直辖市）等不同空间尺度中开发与保护的核心功能定位，对未来国土空间合理开发利用和保护整治格局总体蓝图的设计与规划[12]。其中，根据不同区域的资源环境承载能力、现有开发密度和发展潜力，统筹谋划未来人口分布、经济布局、国土利用和城镇化格局，将国有空间划分为优化开发、重点开发、限制开发和禁止开发四种类型区划。

1.3　主体功能区监测评价

对国家主体功能区开展监测和评估是掌握主体功能区规划落实情况、动态监管主体功能区运行状态的基本途径，构建主体功能区空间型监测评价指标体系是开展主体功能区监测评价的基本前提，而深入研究各种指标的空间化处理模型和表达方式，并最终构建科学合理的空间型数据库则是开展主体功能区监测和评价最重要的基础平台。

当前，学术界对于主体功能区规划实施评价的指标体系的研究已有一些进展[13-16]，但其研究指标规范性、可靠性和成熟度并不高。各领域专家的研究主要是从各自部门、学科、层级出发，探讨规划实施评价指标体系构建的原则、具体内容，但是对规划实施评价指标体系的对比研究、数据支撑能力研究、实践应用效果研究等还比较少。主要的问题表现为以下三方面。

1）主体功能区规划实施评价的指标体系尚未统一，更谈不上规范化、标准化、动态化、常态化。

2）支撑指标获取的模型算法，尚没有得到实践检验，其可靠性有待进一步提升；特别是评价指标与遥感技术的结合能力和水平，还需要大力投入和深入研究。

3）支撑主体功能区规划实施评价指标体系计算所需的基础数据库建设远未启动，在实践中也需要国家主管部门的协调和相关部门的大力支持。

1.4　指标体系构建

参考国内外相关研究成果[1,3-7]，依据国家主体功能区规划方案[17-19]，分析国家主体功能区业务主管部门需求，结合高分遥感特点[20-22]，并考虑到不同主体功能区的规划目标、区域特色、数据可得性和处理可行性等[23]，本研究提出了一套主要基于国产高分遥感数据的国家主体功能区规划实施评价和辅助决策的指标体系，基于上述指标体系，形成了相应的高分遥感国家主体功能区规划实施评价和辅助决策专题产品库。

主要研究内容包括以下四方面。

1）考察国内外关于主体功能区规划和其他各种区域规划实施评价研究的成果，提炼不同研究涉及的指标框架和具体指标[16,23]，总结不同指标体系的特点，分析其在高分遥感国家主体功能区规划实施评价和辅助决策中的应用潜力。

2）针对全国主体功能区规划方案开展分析，特别要深入分析不同类型的主体功能区的规划定位、规划目标、规划方向、规划内容等要求[19,24]，提出高分遥感主体功能区规划实施评价与辅助决策指标体系的研制目标、设计原则。

3）以上述研制目标和设计原则为指南，在对典型案例区定位特点进行解析的基础上，形成主要基于国产高分遥感数据的国家主体功能区规划实施评价和辅助决策的指标体系总体框架，并对其数据支撑能力开展分析。

4）根据前述基于国产高分遥感数据的国家主体功能区规划实施评价和辅助决策的指标体系总体框架，对指标体系计算流程开展深入分析；并基于多源多尺度基础数据，特别是依托 GF-1 或 GF-2 数据，开展相关专题产品的研制应用。

第2章 指标（专题产品）体系研究概况

从主体功能区规划研究入手，回顾全国和省级主体功能区规划的类型、区划指标体系，考察国内多个权威团队开展的主体功能区规划实施评价研究案例，对比分析不同指标体系方案的特点。

2.1 主体功能区划

2.1.1 主体功能区划及其类型

主体功能区划，是以服务国家自上而下的国土空间保护与利用的政府管制为宗旨，运用并创新陆地表层地理格局变化的理论，采用地理学综合区划的方法，通过确定每个地域单元在全国和省（自治区、直辖市）等不同空间尺度中开发与保护的核心功能定位，对未来国土空间合理开发利用和保护整治格局的总体蓝图的设计、规划[12]。

推进形成主体功能区，就是要根据不同区域的资源环境承载能力、现有国土开发强度和发展潜力，统筹谋划人口分布、经济布局、国土利用和城镇化格局，确定不同区域的主体功能，并据此明确开发方向，完善开发政策，控制国土开发强度，规范开发秩序，逐步形成人口、经济、资源环境相协调的国土空间开发格局。

国家级主体功能区分成4种类型：优化开发区、重点开发区、限制开发区和禁止开发区。省级主体功能区原则上与国家主体功能区的类型相同。

1）优化开发区：是指在区域内国土开发密度已经较高、资源环境承载能力开始减弱的区域。这类区域也是城镇化和工业化水平较高的区域，通常有一个影响力较强的中心城市。优化开发区是未来经济持续发展和人口集聚的核心区域，是转变传统的工业化和城镇化模式、把提高增长质量和效益放在首位的区域，是需要显著改善生态环境质量、减轻资源环境压力的区域。

2) 重点开发区: 是指区域内资源环境承载能力较强、集聚经济和人口条件较好的区域。这类区域通常具有一定的城镇化和工业化基础, 至少有一个区域性中心城市。重点开发区是未来地区工业化和城镇化的重点区域, 也是承接限制开发区和禁止开发区的人口转移、支撑本地区经济发展和人口集聚的重要空间载体。

3) 限制开发区: 分为两种类型, 一种是生态地区, 是指资源环境承载能力较弱或生态环境恶化问题严峻, 或在区域内具有较高生态功能价值的区域; 另一种是农业地区, 是指在区域内有较大食物安全保障意义的区域。限制开发区是未来需要加强生态修复、环境保护和农业基地建设的区域, 是以服务业为重点, 适度发展与限制开发区域功能不冲突的工业经济, 并引导超载人口逐步有序转移的区域。主要包括生态本底脆弱的区域, 具有重要生态服务功能的区域和主要农业地区。

4) 禁止开发区: 是指依法设立的各种自然保护区域、历史文化遗产、重点风景区、森林公园、地质公园和重要水源地等, 以及按照主体功能区规划的要求划定的基本农田保护区、蓄滞洪区等。禁止开发区是未来要实行强制保护、禁止一切对自然生态人为干扰活动的区域, 是传承区域文化、确保区域生态平衡和自然特色、改善区域生态环境质量、保障粮食安全的核心区域。

2.1.2 主体功能区划指标体系

研究和使用科学合理的主体功能区划指标体系对全国陆域国土空间开展地域功能适宜性评价, 这是主体功能区划最重要的基础性工作。主体功能区划指标体系分为单项指标评价和综合评价。在全国及省级主体功能区的划分过程中, 采用了全国统一的指标体系。

评价指标项是按照名称易懂、概念清晰、体系结构均衡的要求筛选的。指标体系共包括 10 个指标项, 其中 9 个是可计量指标项, 分别是可利用土地资源、可利用水资源、环境容量、生态系统脆弱性、生态重要性、自然灾害危险性、人口集聚度、经济发展水平、交通优势度; 1 个是调控指标项, 即战略选择[12]。

每个指标的功能和含义见表 2-1。

表 2-1 主体功能区划指标项功能与含义

序号	指标项	功能	含义
1	可利用土地资源	评价一个地区剩余或潜在可利用土地资源对未来人口集聚、工业化和城镇化发展的承载能力	由后备适宜建设用地的数量、质量、集中规模三个要素构成。具体通过人均可利用土地资源或可利用土地资源来反映
2	可利用水资源	评价一个地区剩余或潜在可利用水资源对未来社会经济发展的支撑能力	由水资源丰度、可利用数量及利用潜力三个要素构成。具体通过人均可利用水资源潜力数量来反映
3	环境容量	评估一个地区在生态环境不受危害前提下可容纳污染物的能力	由大气环境容量承载指数、水环境容量承载指数和综合环境容量承载指数三个要素构成。具体通过大气和水环境对典型污染物的容纳能力来反映
4	生态系统脆弱性	表征我国全国或区域尺度生态环境脆弱程度的集成性指标	由沙漠化、土壤侵蚀、石漠化三个要素构成。具体通过沙漠化脆弱性、土壤侵蚀脆弱性、石漠化脆弱性等级指标来反映
5	生态重要性	表征我国全国或区域尺度生态系统结构、功能重要程度的综合性指标	由水源涵养重要性、土壤保持重要性、防风固沙重要性、生物多样性维护重要性、特殊生态系统重要性五个要素构成。具体通过这五个要素重要程度指标来反映
6	自然灾害危险性	评估特定区域自然灾害发生的可能性和灾害损失的严重性而设计的指标	由洪水危害危险性、地质灾害危险性、地震灾害危险性、热带风暴灾害危险性四个要素构成。具体通过这四个要素灾害危险性程度来反映
7	人口集聚度	评估一个地区现有人口集聚状态而设计的一个集成性指标	由人口密度和人口流动强度两个要素构成。具体通过县域人口密度和吸纳流动人口的规模来反映

序号	指标项	功能	含义
8	经济发展水平	刻画一个地区经济发展现状和增长活力的一个综合性指标	由人均地区 GDP 和地区 GDP 的增长率两个要素构成。具体通过县域人均 GDP 规模和 GDP 增长率来反映
9	交通优势度	为评估一个地区现有通达水平而设计的一个继承性评价指标项	由公路网密度、交通干线的拥有性或空间影响范围和与中心城市的交通距离三个指标构成
10	战略选择	评估一个地区发展的政策背景和战略选择的差异	—

2.1.3 指标项算法和数据支撑

主体功能区划共包括 10 个指标项。其中第 10 个指标——战略选择，为定性指标，其余 9 个指标均是定量指标。从单项指标看，每个单项指标都包括若干分项的一级指标、二级指标，甚至三级指标、四级指标数据，这些指标数据共同组成一个极为庞杂的数据群。如何从这些庞杂的数据群，逐步计算得到三级指标、二级指标、一级指标以及最后的综合指标，需要有系统、严密的指标算法，更需要系统、精度匹配的基础数据库支撑。

上述 9 个定量指标算法可以分为两类。一类是分布式算法，共有 5 个指标，分别是可利用土地资源、可利用水资源、人口集聚度、经济发展水平和交通优势度；另一类是集成式算法，包括环境容量、生态系统脆弱性、生态重要性和自然灾害危险性 4 个指标项。对可利用土地资源、生态系统脆弱性、生态重要性、自然灾害危险性等指标进行精度为 30m×30m 的自然地域单元评价，然后集成为县级行政单元评价的结果；其他指标均采取县级行政单元评价的方法，其中可利用水资源等指标项进行数据空间离散分析以支撑县级单元的评价。

为支撑上述指标项计算，需要一个系统的、精度匹配的基础数据库支撑。在主体功能区划研究中，所使用的数据以政府部门（或经政府部门确认并发布）来源为主，以科研部门的科研成果数据为辅，其中，全国尺度的水土资源数据分别来自水利部、原国土资源部，大气环境和水环境数据来自原环境保护部，生态和灾害数据来自中国科学院等有关科研机构成果，交通数据主要来自交通运输部等，社会经济数据主要来自国家统计局，战略和政策资料主要来自国家发展和改革委员会。此外，各省（自治区、直辖市）的基础数据也主要分别来自上述指标相应的省级主管部门。

由于指标算法极为复杂，具体可以参见"全国主体功能区划方案及遥感地理信息支撑系统课题组"编写的各省级主体功能区域划分技术规程。

2.1.4 区划指标与规划实施评价指标的差异和联系

主体功能区划作为一项战略性、基础性和约束性的空间区划，它和其他自然地理区划一样，具有时间动态上的"惰性"和空间分异上的"尺度"性质。从时间维度上看，区划成果一般要保持 10 年尺度甚至 50 年、100 年尺度上的稳定性。为适应这种长期稳定性需要，支持主体功能区划的指标一般也相应具有长时间尺度上不易发生变化的性质。从空间维度上看，以国家级主体功能区划而言，必须保证区划指标空间分布格局在全国尺度上存在空间分异，但在区域尺度——即在主体功能区内部——区划指标的空间分异是很小的，甚至保持区域内的均质性。

然而，对于主体功能区规划实施评价来说，它对指标体系的要求与上述区划指标体系要求截然相反。主体功能区规划本身就是目标导向和问题导向相结合的战略性空间规划。主体功能区划一旦完成并付诸实施，监管者对于各个主体功能区就是期待变化及期待成效。因此，主体功能区规划实施评价指标体系从本质上就要求指标在时间维度上具有动态性、敏感性、指示性；在空间维度上具有更精细的空间分异特性。

当然，主体功能区划涉及指标较多，区划成果保持稳定，并不意味所有用于区划的 9 个指标均长期稳定且空间分异特性也不变化。事实上，根据《全国主体功能区规划》要求，应"根据形势变化和评估结果适时调整修订"，要"建立主体功能区规划评估与动态修订机制。适时开展规划评估，提交评估报告，并根据评估结果提出需要调整的规划内容或对规划进行修订的建议"。由此可见，应用主体功能区划指标体系继续开展主体功能区的适应性分析，这也是主体功能区规划实施评价研究的一项基本要求。

2.2　主体功能区规划实施评价

2.2.1　规划实施评价研究进展

《全国主体功能区规划》于 2010 年作为国发〔2010〕46 号文件得到国务院正式批复，国土开发主体功能区战略于 2011 年写进国家《"十二五"规划纲要》文本中，这标志着国家主体功能区战略从此正式步入实施阶段。

在主体功能区规划实施阶段对国家主体功能区开展监测和评估，是掌握主体功能区规划落实情况和调控主体功能区运行状态的基本途径；根据 4 类主体功能区确立的分类指导的绩效考核评价指标体系也是落实主体功能区规划的重要保障。因此，对不同类型主体功能区进行监测和评价就成为主体功能区研究与业务工作的重要内容。

国务院发展研究中心很早（2007 年）就主体功能区的形成机制和分类管理政策开展了研究，对主体功能区的内涵、特征和功能定位，推进形成主体功能区的总体思路和具体举措等进行了研究。

中国科学院地理科学与资源研究所的王传胜等综合分析了省级主体功能区规划的 9 个指标项存在的相关问题，从集聚效应、社会发展、食物与资源保障、生态与环境保护 4 个方面设计了主体功能区规划监管和评估的指标体系[15]。

国家发展和改革委员会宏观经济研究院的李军等则建立了包括资源、环境、生态、自然灾害、经济、人口社会、政策、交通和运行共 9 个指标组与 60 个具体指标在内的主体功能区空间型监测评价指标体系[16]。

华中师范大学的万纤等（2015 年）探讨了利用地理国情普查数据开展主体功能区规划指标选取和关键技术过程的研究[25]。此外，金树颖等[26]、王志国[27]、黄海楠[28,29]、赵景华和李宇环[30]、王茹和孟雪[31]也在不同地区设计了主体功能区绩效综合考核指标体系及考核方法。

下面以国务院发展研究中心研究团队、中国科学院地理科学与资源研究所研究团队、国家发展和改革委员会宏观经济研究院研究团队以及华中师范大学研究团队为例，对研究人员所提出的指标体系进行总结归纳。

2.2.2 国务院发展研究中心

国务院发展研究中心李剑阁、张军扩、侯永志等基于主体功能区规划绩效评价及国土空间开发管治目标要求，首先提出了评价指标选择和评价指标体系构建的一般性方法，继而根据区域定位遴选了有关指标，构建了相应的指标体系。

研究人员指出，对一个地区进行综合评价是一项庞大的系统工程，很难用简单的一两个指标就能全面反映地区发展状况；往往需要涉及许多领域，应用许多评价指标，并建立综合评价指标体系，从各个侧面综合反映地区经济和社会发展状况。因此，如何将许多指标综合在一起，这就涉及指标体系构建的方法和原则问题。为此，研究人员首先提出了指标体系构建的一般性方法，具体如图2-1所示。

图 2-1　评价指标体系构建的一般性方法

在上述指标体系构建的一般性方法基础上，研究人员指出指标体系的构建要考虑如下原则：①全面性和综合性原则；②合理性原则；③动态性原则；④自洽性原则；⑤可比性原则；⑥可操作性原则。

在上述基本原则和方法论支撑下，研究人员就构建推进形成主体功能区绩效评价指标体系的具体原则进行了分析，认为应该把握以下几个基本要求：①分类设计和评价；②同时考虑评价指标的绝对水平和变化水平；③充分考虑评价指标和数据的权威性、可得性和可操作性；④评价指标的数量的选择要符合实际需要。

　　根据上述要求，研究人员针对不同主体功能区，拟定了相应的绩效评价指标框架，具体见表 2-2。

表 2-2　主体功能区评价指标体系（国务院发展研究中心方案）

区域	一级指数	二级指数	三级指数	基础数据
优化开发区	经济增长及质量指数	经济增长指数		人均 GDP 指数
				地区 GDP 增长指数
		经济质量增长指数		第三产业比重指数
				现代服务业和生产性服务业指数
				先进制造业指数
	资源利用和生态环境保护指数	资源利用和环境保护状况		土地资源指数
				水资源指数
				环境容量指数
		资源利用和污染排放强度	资源利用强度	能耗强度
				土耗强度
				水耗强度
			污染排放强度	固废排放强度
				废水排放强度
				废气排放强度
	自主创新能力指数	自主创新投入	经费投入	经费投入总量
				经费投入强度
			人员投入	人员投入总量
				人员投入强度
		自主创新成果		发明专利
				实用新型专利
				外观设计专利

续表

区域	一级指数	二级指数	三级指数	基础数据
优化开发区	对外开放水平指数	外资利用数量和质量	外资利用数量	实际利用外资总量 实际利用外资比重
			外资利用质量	高技术产业比重 外资税收与利用外资累计额比值
		对外贸易数量和质量	对外贸易数量	对外贸易总量 对外贸易比重
			对外贸易质量	一般贸易比重 高技术产业在出口加工贸易中的比重
	区域协调发展指数			区外直接投资 区外技术转移 专业人员输出 横向转移支付 外来人口公共服务覆盖
重点开发区	经济增长及质量指数	经济增长指数		人均 GDP 指数 地区 GDP 增长指数
		经济质量增长指数	财政收入协调性指数	财政收入总量 财政收入比重
	资源利用和生态环境保护指数			
	工业化发展指数	工业化水平指数		工业增加值总量 工业增加值比重
		区内产业转移承接指数		产业转移总量 产业转移比重
		区域产业集群指数		产业集群总量 产业集群比重
	城镇化发展指数	城市化水平指数		
		区外人口转移指数		人口转移总量 人口转移比重

区域	一级指数	二级指数	三级指数	基础数据
重点开发区	城镇化发展指数	新增城市人口与新增城市建设用地比值		
		外来人口公共服务覆盖面		养老保险覆盖面
				卫生保险覆盖面
				公共住房覆盖面
				公共教育覆盖面
	基础设施改善指数	基础设施固定资产投资		基础设施固定资产投资总量
				基础设施固定资产投资比重
		区域基础设施状况		公路密度
				铁路密度
				手机和本地电话容量
限制开发区	资源利用和生态环境保护指数	生态保护指数		生态系统脆弱性
				生态重要性
		资源和环境状况指数		
		资源利用和污染排放强度指数		
	区域发展指数	特色经济发展指数		特色经济容量
				特色经济比重
		区内人口转移指数		人口转移总量
				人口转移比重
		公共服务水平指数		公共支出总量
				公共支出比重
禁止开发区	生态环境保护指数			生态保护指数
				经营性建设与投资指数
	文化遗产保护指数			文化遗产保护支出总量
				文化遗产保护支出比重

2.2.3　中国科学院地理科学与资源研究所

中国科学院地理科学与资源研究所王传胜、朱珊珊、樊杰等针对主体功能区建设过程中的实施监测、效果评估和规划调控需求，就主体功能区监管和评估的指标体系设置原则进行了分析，认为应当遵循如下原则：①国土开发强度控制原则；②针对不同主体功能区设定的原则；③跟踪主体功能区域划分指标的原则；④关注"问题区域"的原则[18]。

依据上述原则，研究人员首先从国务院公布的《全国主体功能区规划》中提炼了四大类主体功能区域绩效考核评价指标体系，具体见表2-3。

表 2-3 四大类主体功能区域绩效考核评价指标体系

（中国科学院地理科学与资源研究所方案）

区域	考核内容	主要考核指标
优化开发区	经济结构 资源消耗 环境保护 自主创新 外来人口公共服务覆盖面	服务业增加值比重 高新技术产业比重 研发投入经费比重 单位地区生产总值能耗和用水量 单位工业增加值能耗和取水量 单位建设用地面积产出率 CO_2 排放强度 主要污染物排放总量控制率 "三废"处理率 大气和水体质量 吸纳外来人口规模
重点开发区	经济增长 吸纳人口 质量效益 产业结构 资源消耗 环境保护 外来人口公共服务覆盖面	GDP 非农产业就业比重 财政收入占 GDP 比重 单位地区生产总值能耗和用水量 单位工业增加值能耗和取水量 CO_2 排放强度 主要污染物排放总量控制率 "三废"处理率 大气和水体质量 吸纳外来人口规模

区域	考核内容	主要考核指标
限制开发区	农产品保障能力 生态产品能力	农业综合生产能力 农民收入 大气和水体质量 水土流失和荒漠化治理率 森林覆盖率 草原植被覆盖度 草畜平衡 生物多样性
禁止开发区	自然文化资源原真性和完整性情况	保护区依法管理的情况 污染"零排放" 保护对象完好程度 保护目标实现状况

根据上述指标体系，研究人员将上述指标体系分别归纳成集聚效应、社会发展、食物与资源保障、生态与环境保护 4 个方面的指标，开展了数据需求分析，具体见表 2-4。

表 2-4　主体功能区规划监管和评估的重点指标及数据需求

评估项目	序号	具体内容	重点指标	数据需求
集聚效应	1	集聚能力	GDP 总量 人均 GDP 外来人口增长率 工业产值 研发投入 高新技术发展水平 服务业发展水平	县域尺度的统计数据 企业尺度重点企业统计数据 流动人口的统计数据
	2	集聚成本	单位面积产值 单位产值水耗 单位产值能耗 单位产值"三废"排放量	县域尺度的统计数据 土地利用空间数据

评估项目	序号	具体内容	重点指标	数据需求
社会发展	3	社会服务	交通网络覆盖面 教育覆盖面 医疗覆盖面 社会保险覆盖面	交通线路分布的空间数据 县域尺度的统计数据
	4	社会公平	城乡居民收入 基尼系数	县域尺度的统计数据 城镇居民、农户人户调查数据
食物与资源保障	5	食物生产能力	耕地面积 农产品产量 农产品外供给量 农田基础设施建设	耕地、基本农田分布空间数据 耕地质量评估数据 农田水利基础设施建设数据
	6	资源存量和供给能力	可利用土地面积 水资源量 能源储量 矿产资源储量	中高精度自然地形数据 县域尺度水资源量、空间分布数据 能矿资源储量、空间分布数据
生态与环境保护	7	生态保护和恢复程度	植被盖度 特有稀有生态系统的完整性 生物资源的多样性	禁止开发区空间分布范围 禁止开发区生物调查数据 珍稀生物资源空间分布数据 生物多样性统计与监测数据
	8	环境保护和灾害防治能力	自然灾害频度与防御能力 城镇绿被面积（开敞空间） 污染物处理设施建设情况	县域尺度自然灾害与防御统计数据 城镇内土地利用空间数据 污染物处理设施空间分布 "三废"排放治理状况统计

集聚效应：主要针对优化开发区和重点开发区，包括集聚能力和集聚成本。重点评估对经济和人口的吸纳能力，主要指标包括 GDP 总量、人均 GDP、外来人口增长率、工业产值、研发投入、高新技术发展水平、服务业发展水平等。集聚成本重点评判上述区域创造单位产值的资源成本和环境成本，主要指标包括单位面积产值、单位产值水耗、单位产值能耗、单位产值"三废"排放量。

社会发展：主要针对优化开发区和重点开发区，包括社会服务和社会公平两个方面。社会服务重点评判公共交通、医疗、社会保险、教育资源的供给水平，主要指标包括交通网络覆盖面、医疗覆盖面、社会保险覆盖面、教育覆盖面，如教育设施的涵盖程度，以及人均医疗、社会保险和教育资源。社会公平评判收入差距、社会公共资源的享用差距，主要指标包括城乡居民收入、基尼系数等。

食物与资源保障：主要针对限制开发的农业地区，包括食物生产能力、资源存量和供给能力。食物生产能力重点评判耕地面积、农产品产量和农产品外供给量。资源存量和供给能力重点评判可利用的土地和水资源、能源矿产资源，主要指标包括可利用土地面积、水资源量、能源储量和矿产资源储量。

生态与环境保护：主要针对限制开发的生态地区和禁止开发区，包括生态保护和恢复程度、环境保护和灾害防治能力。重点评判生态系统的多样性和稳定性，水土环境的治理能力，城乡居住环境的宜居性。主要指标包括植被盖度、特有稀有生态系统的完整性、生物资源的多样性、自然灾害频度与防御能力、城镇绿被面积、污染物处理设施建设情况等。

2.2.4 国家发展和改革委员会宏观经济研究院

国家发展和改革委员会宏观经济研究院李军、任旺兵等强调，由于主体功能区规划战略内在的空间化属性极为显著，传统的基于行政单元和经济社会统计数据开展区域监测和评价的技术路线在新时期应用中亟待进一步发展；要在 GIS 和 RS 支持下，建立起由传统统计调查方法和现代地球信息技术共同支撑的国家主体功能区空间型监测评价指标体系以及相应的空间型监测评价数据库。

鉴于主体功能区规划实施评价涉及资源、生态、经济、社会等许多方面，因此需要按照如下原则进行指标遴选：①体现主体功能区核心功能；②加强的空间刻画能力；③满足主体功能区规划实施评价需要；④监测评价可操作；⑤综合性与独立性相结合。

基于以上原则，研究人员建立了 2 个层次、9 个指标组、60 个具体指标的指标体系。9 个指标组分别为资源、环境、生态、自然灾害、经济、人口社会、政策、交通、运行，每个指标组下包含若干具体指标。

1）资源指标组：包括土地、水等资源方面的系列指标，反映这些对象的数量、质量、空间分布、动态变化情况等。

2）环境指标组：包括区域大气、水环境状况的系列指标，反映大气、水体质量、数量、空间分布、变化等。

3）生态指标组：反映区域生态（及生态系统）的构成、数量、质量、空间分布及动态变化情况的系列指标。

4）自然灾害指标组：反映区域历史自然灾害影响及分布、各种类型和综合灾害发生风险程度及分布、变化情况的系列指标。

5）经济指标组：反映区域经济总量、结构、质量、空间分布及变化情况的系列指标。

6）人口社会指标组：反映区域人口总量、质量、结构、空间分布及变化情况，人口再分布的动力及特点，教育、科技、文化、卫生等社会事业数量、质量、结构、空间分布及变化的系列指标。

7）政策指标组：反映主体功能区政策实施环境、政策实施对象、政策实施效果、政策措施调整、政策均衡性等内容的系列指标。

8）交通指标组：反映区域的公路、铁路、水运、航空运输及综合运输能力及变化情况的系列指标。

9）运行指标组：综合反映主体功能区背景及运行状况的系列指标，该指标组为综合性指标，需要依靠其他指标进行计算得到。

主体功能区空间型监测评价指标见表2-5，合计共60个指标。

表2-5　主体功能区空间型监测评价指标体系（国家发展和改革委员会宏观经济研究院方案）

指标组	指标	指标内涵
资源指标组	土地资源量	某区域（行政区域）或特定空间单元上，一定时段内各种类型土地资源（耕地、林地、水体、建设用地等）的数量、质量和空间分布
	地表水可利用量	某区域（或特定空间单元上），一定时间内（通常为年）可使用的地表水资源量和分布
	地下水可利用量	某区域（或特定空间单元上），一定时间内可使用的地下水资源量和分布
	可开发入境水资源量	某区域（或特定空间单元上），一定时间内可开发利用的入境水资源量
	水资源利用量	某区域内（或特定空间单元上），一定时间内水资源利用总量，包括农业、工业、居民生活、城镇公共实际用水和生态用水

续表

指标组	指标	指标内涵
资源指标组	矿产资源利用	某区域内（或特定空间单元上），一定时间内主要矿产资源开发利用数量、质量和分布
	能源资源利用	某区域内（或特定空间单元上），一定时间内主要能源资源开发利用数量、质量和分布
环境指标组	大气环境质量	某区域内（目前采用行政区），大气中主要污染物（SO_2等）的允许最高数量、主要污染物实际浓度等
	水环境质量	某区域内（如行政区域）或空间单元上，水环境污染的最高许可值，水环境污染数值常用化学需氧量（chemical oxygen demand，COD）表示
	主要污染物排放总量控制率	行政区域内（或特定空间单元上），一定时间内（如1年），大气和水等主要污染物排放总量控制程度
	"三废"处理率	行政区域内（或特定空间单元上），一定时间内（如1年），经过处理的废水、废气、废渣的量占总排放量的比重
	退耕还林还草面积	行政区域内（或特定空间单元上），一定时间内（通常为1个财政年度），退耕还林还草的面积（亩）
生态指标组	土地沙漠化	某区域内（或特定空间单元上），一定时间内土地沙化的面积和程度及其空间分布
	水土流失	某区域内（或特定空间单元上），一定时间内水土流失的数量，包括数值、范围等
	生态系统	某区域内（或特定空间单元上），生态系统类型（森林、草原、草甸、荒漠、湿地、农田等）及其变化情况
	生物多样性	某区域内（或特定空间单元上），生物物种的相对丰富程度，常以某区域生物物种数量占所在省全部物种数量的比重表示
	森林蓄积量	某区域内（行政区域或特定空间单元上），某个时间段内，有林地中活立木材积总和，常用 m^3/hm^2 表示
	自然保护区	某区域内（或特定空间单元上），自然保护区的类型、级别、面积等特征及其变动情况

指标组	指标	指标内涵
自然灾害指标组	洪灾风险	某区域内（行政区域或特定空间单元上），发生洪水灾害风险的程度，常用不同风险等级表示
	地质灾害风险	某区域内（行政区域或特定空间单元上），发生地质灾害（滑坡、泥石流等）风险的程度，常用不同风险等级表示
	热带风暴灾害风险	某区域内（行政区域或特定空间单元上），发生热带风暴灾害风险的程度，常用不同风险等级表示
	干旱灾害风险	某区域内（行政区域或特定空间单元上），发生干旱灾害风险的程度，常用不同风险等级表示。风险等级相对比较固定
经济指标组	地区生产总值（GDP）	行政区域内（或特定空间单元上），单位时间内（通常为年），经济中所生产出的全部最终产品和劳务的价值
	第一产业增加值比重	行政区域内（或特定空间单元上），单位时间内（通常为年），第一产业增加量占相应地区 GDP 的比重
	第二产业增加值比重	行政区域内（或特定空间单元上），单位时间内（通常为年），第二产业增加量占相应地区 GDP 的比重
	服务业增加值比重	行政区域内（或特定空间单元上），单位时间内（通常为年），服务业增加量占相应地区 GDP 的比重
	高新技术产业比重	行政区域内（或特定空间单元上），单位时间内（通常为年），高新技术产业增加值占 GDP 的比重
	财政收入占地区生产总值比重	行政区域内（或特定空间单元上），财政收入占地区生产总值（GDP）的比重
	农民纯收入	行政区域内（或特定空间单元上），统计或普查得到一定时间段内（通常为年）农民纯收入（以人民币测算）数量
	城镇居民可支配收入	行政区域内（或特定空间单元上），一定时间段内（通常为年），城镇居民可支配的收入（以人民币测算）数量
	单位土地面积产出率	单位面积土地上，一定时间段内（通常为年），形成的总经济量，单位常用亿元/km^2 表示

指标组	指标	指标内涵
人口社会指标组	总人口	行政区域内（或特定空间单元上）人口总数。通常以年末人口数表示
	人口流入率	行政区域内（或特定空间单元上），单位时间内（通常为 1 年）流入人口占流入地区总人口的比重
	人口流出率	行政区域内（或特定空间单元上），单位时间内（通常为 1 年）流出人口占流出区总人口的比重
	非农业就业比重	行政区域内（或特定空间单元上），单位时间内（通常为 1 年）非农业人口就业人数占总就业人数的比重
	贫困人口	行政区域内（或特定空间单元上），按照特定贫困标准划分的贫困人口数量和分布
	研发投入经费比重	行政区域内（或特定空间单元上），一定时间内（通常为 1 年）研发经费占当地 GDP 的比重
	单位地区生产总值能耗	行政区域内（或特定空间单元上），一定时间内（如 1 年），每万元 GDP 所消耗的能源总量（通常折合成煤当量）
政策指标组	财政自给率	行政区域（或特定空间单元上）一个财政年度内，财政支出与财政收入的比值，比值小于 1 表示财政盈余，大于 1 表示需要财政补贴
	财政转移支付	行政区域（或特定空间单元上）一定时间内（通常为一个财政年度），接受财政转移支付的数量，接受转移支付为正值
	保护区投入	行政区域（或特定空间单元上）一定时间内（通常为一个财政年度），投入到自然保护区建设的经费数量
	政府投资额	行政区域（或特定空间单元上）一定时间内（通常为一个财政年度）政府投资的数量
	社会投资额	行政区域（或特定空间单元上）一定时间内（通常为一个财政年度）社会力量投资的数量
	农业投入	行政区域（或特定空间单元上）一定时间内（通常为 1 年），投入到农业领域的资金总额
	农业补贴	行政区域（或特定空间单元上）一定时间内（通常为 1 年），农业补贴的资金总额

指标组	指标	指标内涵
政策指标组	环境保护投入	行政区域（或特定空间单元上）一定时间内（通常为 1 个财政年度），投入到环境保护领域的资金总额
	循环经济规模	行政区域（或特定空间单元上）一定时间内（通常为 1 个财政年度），循环经济总量
交通指标组	区位优势度	任意空间单元上一定时段内到中心城市的空间距离。距离越近，区位优势度越高。中心城市会有一定变化
	铁路优势度	任意空间单元上可以利用铁路资源的机会。它受三个因素的影响，分别是铁路密度、干线铁路影响、区位优势。不同等级的铁路影响不同，等级越高，影响程度越大，影响范围越广
	公路优势度	任意空间单元上一定时段内可以利用公路资源的机会。它受三个因素的影响，分别是公路密度、干线公路影响、区位优势
	港口优势度	任意空间单元上一定时段内可以利用港口资源的机会。受港口的类型、规模和位置等因素影响
	机场优势度	任意空间单元上一定时段内可以利用机场资源的机会。受机场的类型、规模和位置等因素影响
	交通优势度	一定时间内，任意空间单元上铁路、公路、水运、空运等综合交通机会。由铁路优势度、公路优势度、港口优势度、机场优势度等数据计算得到
运行指标组	国土开发强度	行政区域内（或单位空间单元上），一定时间内（年度），已开发面积占总面积的比重
	优化开发区适宜性	行政区域、特定优化开发区域，或区域内特定空间单元上，一定时间内（年度），优化开发区监测指标实际值与设计目标值的差异总体情况，差值越大，表示适宜性越低
	重点开发区适宜性	行政区域、特定重点开发区域，或区域内特定空间单元上，一定时间内（年度），重点开发区监测指标实际值与设计目标值的差异总体情况，差值越大，表示适宜性越低
	限制开发区适宜性	行政区域、特定限制开发区域，或区域内特定空间单元上，一定时间内（年度），限制开发区监测指标实际值与设计目标值的差异总体情况，差值越大，表示适宜性越低

指标组	指标	指标内涵
运行指标组	禁止开发区适宜性	行政区域、特定禁止开发区域，或区域内特定空间单元上，一定时间内（年度），禁止开发区监测指标实际值与设计目标值的差异总体情况，差值越大，表示适宜性越低
	主体功能经济适宜性	行政区域、主体功能区（或特定空间单元）经济指标与设计要求的差异，差异越大表示适宜性越差
	主体功能人口适宜性	行政区域、主体功能区（或特定空间单元）人口各主要指标与设计要求的差异，差异越大表示适宜性越差

注：1 亩 $\approx$ 666.67m²。

2.2.5　华中师范大学

华中师范大学的万纤、余瑞林、余晓敏等从地方应用层面强调在基于全国地理国情普查数据的前提下，构建主体功能区规划监测与评估指标体系。

研究人员认为，由于各类型主体功能区的发展战略目标有较大差异，其规划实施评价的侧重点也各有不同，需要分类确定主体功能区规划实施效果的监测与评估指标体系；在指标的选取上同时还要兼顾指标的代表性和数据的获取性。

研究人员强调，对主体功能区规划实施进行监测和评估，本质上包括两个层面的问题：第一是对主体功能区规划进行评估，通过对主体功能类型划分的 9 个基础指标进行持续跟踪分析，评估原有主体功能类型在现阶段的合理性；第二是对主体功能区规划的实施进行规划实施评价，对不同类型的主体功能区，有针对性地选取重要参数和指标进行监测，评估规划实施的效益和效率。

根据上述分析，研究人员建立了主要基于地理国情普查结果的主体功能区规划监测与评估指标体系，具体见表 2-6。

表 2-6　基于地理国情普查结果的主体功能区规划监测与评估指标体系（华中师范大学）

区域类型	规划实施评价指标	指标计算
优化开发区	国土开发强度	建设空间占区域总面积的比重；根据地理国情普查的房屋建筑、道路、构筑物和人工堆砌地面积数据核算
	产业结构	第一、第二、第三产业比重变化以及主导产业选择；根据行业专题数据中的社会经济统计数据核算
	公共服务可达性	公共服务设施的可达性；根据地理国情普查的道路和构筑物数据核算
	能耗水平	单位 GDP 能耗；根据地理国情普查行业专题数据中的社会经济统计数据核算
	城市土地产出水平	地均 GDP，根据地理国情普查的房屋建筑、道路、构筑物和人工堆砌地数据核算城市建成区，根据行业专题数据中的社会经济统计数据核算 GDP
	环境质量	污染物排放总量；根据行业专题数据中的环保部门相关数据核算
	可利用土地资源	适宜建设用地扣除已有建设用地和基本农田；根据地理国情普查数据中的耕地、园地、林地、草地、水域、房屋建筑、道路、构筑物和人工堆砌地等地表覆盖数据结合高程、坡度、坡向等数据核算
重点开发区	交通优势度	由交通网络密度、交通干线影响度和区位优势度综合；根据地理国情普查数据成果中的道路和行政区划数据核算
	国土开发强度	同优化开发区
	经济增长	多年 GDP 增长率；根据行业专题数据中的社会经济统计数据核算 GDP
	城市土地产出水平	同优化开发区
	环境质量	同优化开发区
重点生态功能区	林地覆盖率/变化率 草地覆盖率/变化率 湿地覆盖率/变化率	根据地理国情普查数据成果中的林地、草地、水域等数据核算

区域类型	规划实施评价指标	指标计算
农产品主产区	农业用地面积	根据地理国情普查数据成果中的耕地、园地、林地、草地等数据核算
	农业用地空间适宜性	根据地理国情普查数据成果中的耕地、园地、林地、草地等数据结合高程、坡度、坡向等数据核算
	主要农产品产量变化	根据行业专题数据中的社会经济统计数据核算
	农田水利设施数量	根据地理国情普查数据成果中的构筑物数据核算
	农田水利空间分布	根据地理国情普查数据成果中的构筑物数据结合高程、坡度、坡向等数据核算

2.3　不同指标体系的比较分析

2.3.1　体系构建原则对比

国务院发展研究中心认为，在主体功能区绩效评估指标体系构建中，需要重点考虑以下 4 点原则：①分类设计和评价；②同时考虑评价指标的绝对水平和变化水平；③充分考虑评价指标和数据的权威性、可得性和可操作性；④评价指标的数量的选择要符合实际需要。

中国科学院地理科学与资源研究所则强调要遵循以下原则：①国土开发强度控制原则；②针对不同主体功能区设定的原则；③跟踪主体功能区域划分指标的原则；④关注"问题区域"的原则[18]。

国家发展和改革委员会宏观经济研究院特别重视空间型监测评价指标体系以及相应的空间型监测评价数据库支撑能力建设，强调要按如下原则进行指标遴选：①体现主体功能区核心功能；②加强的空间刻画能力；③满足主体功能区规划实施评价需要；④监测评价可操作；⑤综合性与独立性相结合。

华中师范大学团队则指出，指标体系的选择需要考虑 3 个方面：①对主体功能类型划分的 9 个基础指标进行持续跟踪分析；②对不同类型的主体功能区，有针对性地选取重要参数和指标进行监测与评估；③在指标的选取上同时要兼顾指标的代表性和数据的获取性。

由此，可以总结发现不同专家团队关于指标体系构建原则的 3 个共同点：①指标体系构建要具有区域针对性，要对不同主体功能区进行分类设计；②指标和数据要具有合理性、权威性、代表性，一方面应该考虑监测评价指标体系对于区划指标体系的继承性，另一方面要考虑数据的法定性质；③指标体系和数据要具有数据可得性、可操作性，一方面指标数量要与现实可能相匹配，不能盲目贪多，导致成为"空中楼阁"，另一方面，则要考虑指标数据的空间化能力，包括空间展示和空间计算能力。

2.3.2　指标体系内容对比

国务院发展研究中心针对 4 类主体功能区目标定位，分别就不同主体功能区的监测评价指标提出了 4 个层级的指标数据集成方案；其中，一级指数有 14 个、二级指数有 25 个、基础数据指标有 67 个。该方案特点如下：①直接引用了主体功能区划中的 9 个指标项；②经济社会分析指标非常详尽，但资源环境指标相对缺乏；③基础数据指标并不可以直接获取，需要进一步获取大量的其他统计调查数据进行演算，而一部分统计调查数据无法从公开渠道获取，或者即便有获取渠道，也无法落实到年度更新、县域单元粒度上。

中国科学院地理科学与资源研究所针对 4 类主体功能区目标定位，就不同主体功能区的监测评价指标提出了两个层级的指标数据集成方案，其中，一级指标 8 项，重点监测指标 31 项。该方案特点如下：①未直接引用主体功能区划的 9 个指标项，但是引用了演算上述 9 个指标项过程中的中间指标；②经济社会数据和资源环境数据相对均衡；③28 个基础指标项需要通过统计渠道、卫星遥感渠道获取并进一步演算；部分年度更新的县域粒度统计数据难以获取，卫星遥感指标数据获取渠道和演算方法不清。

国家发展和改革委员会宏观经济研究院则立足于建立一个统一、通用的空间化规划实施评价指标数据平台，提出了一个两个层级的指标体系；其中，一级类型有 9 个，基础指标有 60 个。该方案特点如下：①直接引用了主体功能区划的 9 个指标项以及演算上述 9 个指标项过程中的中间指标项；②侧重于数据支撑平台建设，指标数据的空间化能力较强，但区域针对性较弱；③60 个基础指标数量较多，且有大量指标需要其他统计数据进一步演算、集成，相当多的统计指标数据无法达到县域粒度，或无法年度更新。

华中师范大学的框架与前面方案均有不同，它是两组、两个层级体系。所谓两组，是指两组独立的指标体系，即区划指标和专门指标。其中，专门指标中一级重点项目有 10 个，基础指标共 18 个。该方案特点如下：①明确分成两组指标独立开展监测；②经济社会发展数据和资源环境数据相对均衡，偏向地理国情监测数据；存在区域针对性不强、区域发展问题难以解析的问题；③主要应用了地理国情普查成果，但部分统计数据（主要是环保数据）难以获取得到。

归纳起来，不同专家团队关于主体功能区规划实施评价指标体系的构成研究，存在以下几个特点。

1）指标体系具有层次性。指标体系通常可以分为 2~3 层；其中，第一层指标在 9~14 个；最基层的指标数量变化较大，在 18~67 个。

2）主体功能区划指标体系——包括九大指标及中间演算指标——得到继承。继承方式有完全融入式，也有独立分组式。

3）指标体系包括经济社会发展类指标，也包括资源环境类指标；但经济部门统计指标（现代服务业、先进制造业、专利数量、部门投资额）、环境污染类指标（"三废"排放总量、处理率）、水资源消耗、能源消耗等几类指标难以从公开渠道获取，或者难以落实到年度更新、县域单元上。

4）当前部门研究人员大都是来自宏观经济、经济地理领域的专家或管理人员，因此指标体系中偏向宏观经济和社会分析的指标；由于缺乏来自自然地理、生态、农业以及地理空间分析等领域的专家，对于主体功能区中偏向保护功能的限制开发区、禁止开发区的监测评价研究深度相对薄弱，分析手段方法也较单薄，对于卫星遥感技术的应用不够深入。

2.3.3 数据支撑能力分析

所谓数据的支撑能力，是指用于演算主体功能区规划实施评价指标所需数据的可获得水平和操作能力。数据的支撑能力主要从三个方面考虑：第一是数据的可获得性；第二是数据来源的权威性；第三是指标演算方法的可靠性。

从数据的可获得性上看，无论是早期的全国主体功能区划指标体系，还是当前关注的主体功能区规划实施评价指标体系，都曾存在部分指标难以获取到县域单元的问题，特别是水资源消耗、环境污染类指标更是如此。对于主体功能区规划实施评价指标体系来说，其性质决定了它对各项基础指标数据的时间更新周期进一步缩短到年度甚至月度水平，数据的可获得性难度进一步加大。

从数据来源的权威性上看，全国主体功能区划指标体系研发工作是在国家发展和改革委员会领导下开展进行的，所使用的数据以政府部门（或经政府部门确认并发布）来源为主，科研部门科研成果数据为辅。全国尺度数据分别来自水利部、原国土资源部、原环境保护部、交通运输部、原铁道部、国家统计局、国家发展和改革委员会以及中国科学院。各省（自治区、直辖市）基础数据分别来自上述部委机关对应的省级主管部门。毫无疑问，继续依托全国主体功能区划指标体系搜集指标数据最具权威性，数据收集渠道最通畅。

从指标演算方法的可靠性上看，在全国和省级主体功能区划中，以 10 个地域功能识别指标为核心构成的指标体系通过四级、三级和二级基础指标数据的逐级汇总，由此形成单项指标评价和综合评价。上述指标体系以及评价的技术路线已经非常成熟，并且为国内其他类型区划等所采用。支撑上述指标逐级汇总计算的模型算法得到国家和省级两个层面的实践检验，具有最强的科学性、可靠性。

第3章 指标（专题产品）设计原则、内容和框架

主体功能区规划实施评价指标体系构建应遵循分类指导、问题导向、重视事前预防、有利问题追因、依托高分遥感等基本原则，紧紧围绕全国主体功能区规划的基本宗旨，并充分考虑区域特点和数据支撑能力，最终形成可用、好用的指标体系。

3.1 指标（专题产品）设计原则

主体功能区评价指标体系构建要遵循全面性、系统性、综合性、自洽性、独立性、可操作性等一般原则，在主体功能区规划实施评价研究中，则特别要针对高分专项、主体功能区特点，重点突出以下5个基本原则。

3.1.1 分类指导原则

长期以来，我国对于区域的绩效评价往往采用统一的指标和单一的标准，这导致区域的绩效评价不能很好地反映不同区域间的差异，甚至对于地方政府形成误导性激励。主体功能区划的目的就是要从不同区域的实际情况出发开展工作，区域条件不同，区域的主体功能定位就不同。因此，对于主体功能区的评价，要按照分类指导的原则，针对不同类型区域，采用一区一策的办法和评价指标。

具体来说，就是要分别针对四类主体功能区类型，考察不同的侧重面，挑选不同的指标，特别是要分析主体功能规划对于不同类型功能区的定位、规划目标、规划重点、规划内容等要求，有的放矢地进行指标体系设置，从而最终实现对主体功能区的分类评价。

3.1.2　问题导向原则

进入主体功能区规划实施阶段，党中央和国务院审时度势，提出了新的战略发展思路，针对一些具体区域长期以来所积累的尖锐问题，提出了新的解决思路。

首先，我国经济社会发展、对外开放合作有了新的模式和思路。2014 年以来，党中央提出了中国经济社会发展"新常态"概念，我国经济增长将与过去30 多年10% 左右的高速度基本告别，与传统的不平衡、不协调、不可持续的粗放增长模式基本告别。2013 年以来，"一带一路"倡议的提出和逐步落实，对于促进沿线各国、各地区经济繁荣具有重要意义。

其次，对于一些具体区域经济社会发展中存在的长期性问题，党中央和国务院也有明确意见。例如，对于京津冀地区，习近平总书记明确指示，要推进京津冀协同发展，要立足各自比较优势、立足现代产业分工要求、立足区域优势互补原则、立足合作共赢理念。对于其他地区，如中原经济区、三江源地区、内蒙古草原地区等，党和国家领导人在不同场合就其发展思路也有明确指示意见。

最后，在经济社会发展新常态、"一带一路"倡议、京津冀协同发展等大背景下，如何响应国家战略决策需要，解决各部门、各地区最现实、最迫切的问题，这是主体功能区规划的根本任务，也是主体功能区规划实施评价需要考虑的原则性问题。把握区域发展形势，凝练区域发展问题，根据问题导向开展监测评价，这是指标体系构建过程中应该把握的原则之一。问题导向原则，具体有两层含义：第一是要瞄准存在问题的区域；第二是要瞄准区域真正的问题。

3.1.3　重视事前预防原则

随着国家各级政府管理理念的改变、管理水平的提高，政府监管评估工作开始有意识、有能力覆盖事件全过程。除事中监管、事后问责、事后绩效评估之外，事前管理——特别是事前预防和预警，在当前形势下，显得更加重要。主体功能区规划实施评价，总体上属于事后问责、绩效评估，但是，同样应该重视事前管理工作。要做好事前预防，就要求我们对事件的历史变化、现状发展以及未来趋势预测，有着很好的信息把握能力，有较好的预防和预警指标、模型与方法。而开展事前预防的基本抓手，就是要遵守《全国主体功能区规划》规定的各项红线指标。

例如，对于城市化地区的开发，国家明确要求严格控制国土开发强度，逐步减少农村居民点占用的空间。到 2020 年，全国陆地国土空间的国土开发强度控制在 3.91%，城市空间控制在 10.65 万 km² 以内，农村居民点占地面积减少到 16 万 km² 以下，各类建设占用耕地新增面积控制在 3 万 km² 以内，工矿建设空间适度减少。

对于生态环境的保护，国家明确提出，要加强对河流原始生态的保护；实现从事后治理向事前保护转变，实行严格的水资源管理制度，明确水资源开发利用、水功能区限制纳污及用水效率控制指标；在保护河流生态的基础上有序开发水能资源；严格控制地下水超采，加强对超采的治理和对地下水源的涵养与保护；加强水土流失综合治理及预防监督。

3.1.4　有利问题追因原则

主体功能区规划评价，评价结果虽然可以为绩效评估提供参考依据，但是绩效评估本身并不是最根本的目的；分析评价结果，追溯评价结果在地域上、在时间上产生差异、产生变化的原因，继而有的放矢地进行改进，使落后者进步、使先进者更优，这才是主体功能区规划实施评价的根本目的。因此，对评价结果开展分析，尤其是对"问题区域"和"区域问题"开展机制分析，这是主体功能区规划实施评价和辅助决策的最重要、最核心的内容之一。因此，评价指标体系应充分考虑源头机制影响，有利于问题追因、有利于辅助决策。

然而，在现实环境中，由于经济社会和自然地域系统的超级复杂性，事物的发生、发展和结果具有极强烈的复杂性、动态性与多模性。一个事件的发生，可以有直接原因，也有间接原因；有一果多因，也有一因多果。基于问题追因原则时，要在充分考虑和分析备选指标基础上，通过一定的技术手段和方法，选择那些信息量大、驱动能力强、可以解释绝大部分变化机制的基本指标。

例如，在重点开发区，区域经济总量的提高，可能是继续传统的粗放型经济增长模式，通过国土开发面积的简单增加所致，也有可能是经济质量的改善，尤其是区域内优势产业部门生产效率提高所致。在农产品主产区，区域内粮食产量的减少，可能是耕地面积减少，也有可能是优质高效的基本农田面积的减少，或者也可能是城乡经济差距过大，导致农村劳动力投入减少所致。对于上述不同功能区域的不同发展情景，应当有必要的指标予以总结归纳和聚焦体现。

3.1.5　依托高分遥感原则

作为高分应用专项、课题设立的一个研究任务，主体功能区规划实施评价指标体系在构建过程中，必须依托高分卫星遥感数据及其相应高分专题产品，这是指标体系构建的原则之一，这也是其他指标体系构建过程中所要考虑的"指标数据支撑能力"的具体化表现。

在整个高分应用专项设计中，目前已经设计有基于高分卫星遥感的土地覆被类型（如 LULC[①]）解译技术攻关以及相应的产品生产，也有若干重要生态参数（如 NDVI[②]、NPP[③]）等卫星反演和模拟技术的攻关以及相应的产品生产；在本书研究所依托科研项目内部，也提供了基本的主体功能区遥感监测技术攻关和系列产品生产，具体包括城镇化率、人口密度、GDP 密度 3 个功能要素产品，以及可利用土地资源、生态系统脆弱性、生态重要性、自然灾害危险性、人口集聚度、经济发展水平、交通优势度 7 个综合区划产品。

因此，如何充分利用高分专项提供的遥感数据和产品，特别是如何充分利用本书研究所依托科研项目其他兄弟课题所提供的基本数据和产品，同时结合少量、必要的经济社会统计数据，在经济社会数据空间化技术支持下，为主体功能区规划实施评价提供基础指标数据，这是指标体系构建必须考虑的问题。同时，考虑到项目研究的实际情况，不同课题、专题间在技术攻关、数据和产品交付上存在时间上的重叠，如何在研究中自行依靠高分卫星遥感数据或者其他卫星遥感数据和产品，寻找临时性的替代数据，这也是指标体系需要考虑的问题之一。

3.2　评价和辅助决策的目标

主体功能区划，是以服务国家自上而下的国土空间保护与利用的政府管制为

---

①　LULC 指土地利用与土地覆被（land use and land cover）。

②　NDVI 指归一化植被指数（normalized defferential vegetation index）。

③　NPP 指净初级生产力（net primary productivity）。

宗旨，运用并创新陆地表层地理格局变化的理论，采用地理学综合区划的方法，通过确定每个地域单元在全国和省（自治区、直辖市）等不同空间尺度中开发和保护的核心功能定位，对未来国土空间合理开发利用和保护整治格局的总体蓝图的设计、规划。主体功能区划是具有应用性、创新性、前瞻性的一种综合地理区划，同时也是一幅规划未来国土空间的布局总图。

根据上述关于主体功能区规划的概念、内涵的阐述，可以总结得到：全国主体功能区规划的基本目标是要确定国土空间合理开发利用和保护整治的总体蓝图，要明确各个地域单元在不同空间尺度中开发和保护的核心功能定位。基于此理解，主体功能区规划实施评价也应该围绕上述目标是否得到落实而开展，具体评价可以总结为以下 5 个方面的问题。

1）国土开发是否适度、合理？

2）人居环境是否得到提高？

3）基本农田是否得到保护？

4）生态环境是否得到改善？

5）未来调控重点和方向是什么？

3.2.1　国土开发

主体功能区规划明确了优化开发、重点开发、限制开发、禁止开发中"开发"的定义，强调对农产品主产区，要限制大规模高强度的工业化、城镇化开发，但仍要鼓励农业开发；对重点生态功能区，要限制大规模高强度的工业化、城镇化开发，但仍允许一定程度的能源和矿产资源开发。对国土开发适宜性进行评价是主体功能区规划实施效果评价的核心，评价的基本目标就是要求国土开发强度适宜，开发布局合理。因此，可以从国土开发强度、国土开发聚集度、国土开发均衡度三个方面进行适宜性评价。

国土开发强度，是全国主体功能区规划中的一个核心概念，是具有深刻科学内涵、政策内涵、具有可操作性的一个关键性指标[32,33]。《全国主体功能区规划》已经明确，2020 年全国陆地空间的国土开发强度控制在 3.91% 的水平；各省（自治区、直辖市）国土开发强度对规划期内本地区国土开发强度也有明确规定。针对国土开发强度的控制是遏制无序城市化、改变土地低效开发、转变经济增长方式、加大耕地和生态空间保护力度的重要手段，是主体功能区规划的重要目标。根据国土开发强度定义，它是指一个区域范围内用于建设开发的国土空间占国土空间总量的比重[34]。因此，对国土开发强度的评估本质上就是对土地开发建设强度的评估，其中最主要的是用于较大规模工业化和城市化建设的土地开发总规模，包括城市用地规模、工业用地规模和与之相关的基础设施用地规模。所谓国土开发强度适宜，就是指区域国土开发强度应当符合（低于）国家、省（自治区、直辖市）主体功能区规划所确定的国土开发强度要求。在规划期末年，不得超过规定的最高国土开发强度。为此，在规划实施过程中，国土开发强度的增长速率应当有一定限制。

国土开发聚集度，是衡量城乡建设用地空间聚块、连片程度的指标[35]。较高的国土开发聚集度，指示了本地区国土开发空间的高度集中、各区块独立性强的特点；较低的国土开发聚集度指示了本地区国土开发比较分散，建设地块在空间上不连续，建设地块之间存在较大空当。所谓国土开发聚集度适宜，就是指区域城乡建设用地开发空间聚块、连续程度高，国土开发朝着集约型发展。

国土开发均衡度，是指一个地区传统远郊区县国土开发速率与该地区传统中心城区国土开发速率的比值[36]。国土开发均衡度越大，表明新增国土开发活动越偏向于远郊区县；国土开发均衡度越小，表明新增国土开发活动越偏向于传统中心城区。国土开发均衡度可以较好地评估地方一级在城乡建设一体化方面的考虑和发展模式。

国土开发评价，主要是针对开发地区（优化开发区、重点开发区）进行。

3.2.2　城市环境

主体功能区规划的基本原则是坚持以人为本，提高全体人民的生活质量，增强可持续发展能力，将国土空间开发从占用土地的外延扩张为主，转向调整优化空间结构，在按照生产发展、生活富裕、生态良好的要求调整空间结构的同时，保证生活空间，扩大绿色生态空间。城市人居环境作为调整优化城市空间的重点，在扩大城市建设空间时，应适度扩大先进制造业和服务业空间、扩大交通设施空间，要保障城市环境朝着良好的、更有利于全体人民居住的方向发展[37]。对城市人居环境改善的评价主要从以下两个方面进行。

第一是评价城市内部公共绿被覆盖水平[38-40]。主要从城市绿被面积、城市绿被率和城市绿化均匀度三个方面来衡量。城市绿被覆盖是指乔木、灌木、草坪等所有植被的垂直投影面积，包括屋顶绿化植物的垂直投影面积以及零星树木的垂直投影面积，乔木树冠下的灌木和草本植物不能重复计算。城市绿被是评价高强度国土开发区域（也即城市）生态环境质量、人民宜居水平的代表性要素。通常可以通过城市绿被率予以衡量。城市绿被的生态服务和社会休闲服务能力不仅依赖于绿被面积的总量，更与绿地的空间配置直接相关。长期以来，我国一直以城市绿被面积、城市绿被率、人均绿被面积等简单的比率指标来指导城市绿被系统建设，忽视空间布局上的合理性，极大地削弱了城市绿被为城市居民提供休闲服务、城市绿被为城市生态系统提供水热调节功能的能力。因此，需要综合城市绿化均匀度加以分析评价。

第二是对城市内部热环境因子的评价。主要从城市热岛、城市热岛面积两个方面展开，研究中用到的主要数据即地表温度（land surface temperature，LST），在环境遥感研究及地球资源应用过程中具有广泛而深入的需求。它是重要的气候与生态控制因子，影响着大气、海洋、陆地的显热和潜热交换，是研究地气系统能量平衡、地-气相互作用的基本物理量。城市热岛是指城市因大量的人工发热、建筑物和道路等高蓄热体及绿地减少等因素，造成城市中的气温明显高于外围郊区的现象[41-43]。

城市人居环境改善，即综合考虑城市内部公共绿被覆盖水平、服务能力以及城市热环境等因子，提出未来城市管理中需要重点规划和完善建设的区域，可以通过增加绿植空间、优化绿植布局、改善建筑物热物理性能等举措，提高城市为居民生活和休憩服务的能力与水平[44]。

城市人居环境评价，主要是针对优化开发区、重点开发区进行。

3.2.3　耕地保护

主体功能区规划战略目标明确规定在国土空间开发的前提下要确保空间结构得到优化。各类建设占用耕地新增面积控制在 3 万 km^2 内，耕地保有量不低于 120.33 万 km^2，其中基本农田不低于 104 万 km^2。因此，对于各主体功能区，特别是农产品主产区要着力保护耕地，稳定粮食生产，保障农产品供给，确保国家粮食和食物安全。对于耕地保护的评价，主要从耕地面积、农田生产力等方面开展。

耕地，是指专门种植农作物并经常进行耕种、能够正常收获的土地。一般可以分为水田和旱地两种类型。

耕地保护评价，主要针对优化开发区、重点开发区，特别是农产品主产区进行。

3.2.4 生态环境

主体功能区规划以保护自然为基本原则，强调按照建设环境友好型社会的要求，以保护自然生态为前提，以水土资源承载能力和环境容量为基础，进行有序开发，走人与自然和谐的发展道路。规划把保护自然生态环境纳入重点，以生态系统更加稳定为未来展望的战略目标，确保重点生态功能区承载人口、创造税收以及工业化的压力大幅减轻，涵养水源、防沙固沙、保持水土等生态服务功能大幅度提升，森林、水系、草原、湿地、荒漠、农田等生态系统稳定性增强，生态环境质量不断提升。

因此，对于生态质量、生态服务功能的评价主要从生态环境质量、生态服务功能[45]方面展开，选取植被绿度[46,47]、优良生态系统、人类扰动指数[48]3个指标对生态环境质量进行监测评价；选取具有代表性的水源涵养、水土保持、防风固沙、载畜压力指数4个指标对生态服务功能进行监测评价。

生态质量、生态服务功能评价，主要针对重点生态功能区进行。

3.2.5 辅助决策

规划辅助决策，是在区域规划实施评价基础上，根据区域主体功能区规划目标，针对发展现状和发展趋势，分别从行政区维度和网格维度，提出的具有时空针对性的、促进主体功能区规划有效落实、良好运行的空间化方案，并提供给国家有关部门参考使用。规划辅助决策，主要是从3个方面（即区域调控、区域开发、改善人居）予以区域遴选，并给出相应的政策建议和具体举措意见。

开展主体功能区规划辅助决策的基本出发点，就是要跳出监测、评价的范围，依据目前的现状进行全局性的决策性建议，指出主体功能区规划存在的问题，同时为下一步规划找到侧重点。

3.3　指标（专题产品）体系设计框架

3.3.1　指标框架

根据 3.1~3.2 节针对指标体系设计原则、指标体系覆盖领域等问题的阐述，我们认为主体功能区规划实施可以从国土开发评价指标、城市环境评价指标、耕地保护评价指标、生态环境质量指标、生态服务功能指标五大方面进行综合评价。进一步地，上述五大方面评价可以分解为 17 个具体指标。为支撑上述 17 个具体指标，需要 9 个高分遥感基础专题产品；根据上述五大方面、17 个指标，可以进一步生成 5 个辅助决策产品，具体如图 3-1 所示。

1）高分遥感基础专题产品，共 9 个，它们是直接基于 GF 卫星遥感解译、GF 卫星遥感反演得到的，还有一部分是通过卫星遥感数据与其他数据（如气象数据、DEM 数据等）经模型模拟计算得到的。9 个基础高分遥感专题产品具体是土地利用与土地覆被产品、城市绿被覆盖产品、地表温度产品、农田生产力产品、植被绿度产品、载畜压力产品、水源涵养产品、防风固沙产品、水土保持产品。

2）规划实施评价产品，共 17 个指标，并可以形成 17 项专题产品。它们通常是在上述 9 个基础遥感专题产品之上，进一步结合经济地理学、自然地理学和生态学、空间分析理论与方法，经过进一步的模型算法计算得到的。17 项规划实施评价产品如下：①国土开发评价指标（专题产品），国土开发强度、国土开发聚集度、国土开发均衡度；②城市环境评价指标（专题产品），城市绿被率、城市绿化均匀度、城市热岛、城市热岛面积；③耕地保护评价指标（专题产品），耕地面积、农田生产力；④生态环境质量指标（专题产品），植被绿度、优良生态系统（面积比重）、草地生态系统、人类扰动指数；⑤生态服务功能指标（专题产品），载畜压力指数、水源涵养功能、防风固沙功能、水土保持能力。

3）规划辅助决策产品，共 5 项专题产品。它们分别为国土开发严格调控区域遴选产品、国土开发推荐开发区域遴选产品、高产优质农田建设网格遴选产品、人居环境改善网格遴选产品、生态治理重点区域遴选产品。

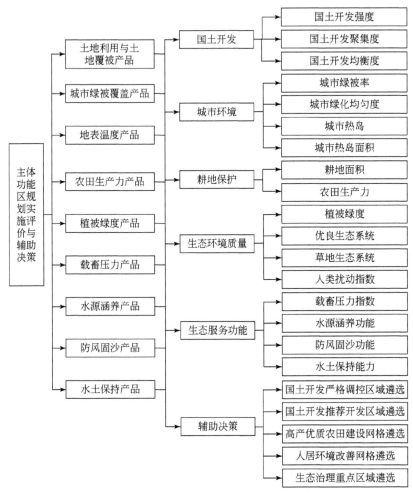

图 3-1　主体功能区规划实施评价与辅助决策产品体系框架

3.3.2　数据支撑

数据的支撑能力主要从三个方面考虑：第一是评价系统正式运行时的数据可获得性、权威性；第二是研究阶段替代数据的可获得性；第三是指标数据与高分数据、产品的相关性。

高分遥感主体功能区规划实施评价与辅助决策指标体系及相应的专题产品研制所需的基础数据列于表 3-1。

表 3-1　指标体系（专题产品）的数据支撑情况

序号	分类	指标产品	基础数据及应用产品
1	高分遥感基础专题产品	土地利用与土地覆被产品	高分 GF-1 WFV 影像，2015 年； TM、ETM+影像，2005 年、2010 年
2		城市绿被覆盖产品	高分 GF-1 WFV 影像，2015 年； TM、ETM+影像，2005 年、2010 年
3		地表温度产品	MODIS 地表温度产品（替代 GF-4），2005 年、2010 年、2015 年； Landsat TM 影像，2005 年、2010 年、2015 年； 城市建成区范围
4		植被绿度产品	高分 NDVI 产品，2014～2015 年； MODIS NDVI 产品（替代 GF），2005～2013 年
5		农田生产力产品	基于 VPM 模型的 NPP 产品，2005 年、2010 年、2015 年； 高分 LULC 产品，2015 年； 基于 TM、ETM+、HJ 的 LULC 产品，2005 年、2010 年
6		载畜压力产品	NPP 产品（替代 GF-4），2005～2014 年； 牲畜存栏、头数等统计数据，2005～2014 年； 高分 LULC 产品，2015 年； 基于 TM、ETM+、HJ 的 LULC 产品，2010 年
7		水源涵养产品	GF-4 替代数据（MODIS），2005～2014 年； 基础地理数据； 气象站点数据，2005～2014 年； 土壤数据，2000 年
8		防风固沙产品	GF-4 替代数据（MODIS），2005～2014 年； 基础地理数据； 气象站点数据，2005～2014 年； 数字高程地形数据； 土壤数据，2000 年
9		水土保持产品	GF-4 替代数据（MODIS），2005～2014 年； 基础地理数据； 气象站点数据，2005～2014 年； 数字高程地形数据； 土壤数据，2000 年

序号	分类	指标产品	基础数据及应用产品
10		国土开发强度	高分 LULC 产品，2015 年； 基于 TM、ETM+、HJ 的 LULC 产品，2010 年； 基于 TM、ETM+、HJ 的 LULC 产品，2005 年
11		国土开发聚集度	高分 LULC 产品，2015 年； 基于 TM、ETM+、HJ 的 LULC 产品，2010 年； 基于 TM、ETM+、HJ 的 LULC 产品，2005 年
12		国土开发均衡度	高分 LULC 产品，2015 年； 基于 TM、ETM+、HJ 的 LULC 产品，2010 年； 基于 TM、ETM+、HJ 的 LULC 产品，2005 年
13		城市绿被率	高分城市绿被覆盖产品，2015 年； 基于 TM、ETM+的城市绿被覆盖产品，2005 年； 基于 TM、ETM+的城市绿被覆盖产品，2010 年
14		城市绿化均匀度	高分城市绿被覆盖产品，2015 年； 基于 TM、ETM+的城市绿被覆盖产品，2005 年； 基于 TM、ETM+的城市绿被覆盖产品，2010 年
15	规划实施评价产品	城市热岛	高分替代地表温度产品（ETM+替代 GF4），2015 年； 城市建成区范围
16		耕地面积	高分 LULC 产品，2015 年； 基于 TM、ETM+、HJ 的 LULC 产品，2010 年； 基于 TM、ETM+、HJ 的 LULC 产品，2005 年
17		农田生产力分级	基于 VPM 模型的 NPP 产品，2005 年、2010 年、2015 年； 高分 LULC 产品，2015 年； 基于 TM、ETM+、HJ 的 LULC 产品，2005 年、2010 年
18		优良生态系统	高分 LULC 产品，2015 年； 基于 TM、ETM+、HJ 的 LULC 产品，2010 年； 基于 TM、ETM+、HJ 的 LULC 产品，2005 年
19		草地生态系统	高分 LULC 产品，2015 年； 基于 TM、ETM+、HJ 的 LULC 产品，2010 年； 基于 TM、ETM+、HJ 的 LULC 产品，2005 年
20		人类扰动指数	高分 LULC 产品，2015 年； 基于 TM、ETM+、HJ 的 LULC 产品，2010 年； 基于 TM、ETM+、HJ 的 LULC 产品，2005 年

序号	分类	指标产品	基础数据及应用产品
21	规划辅助决策产品	国土开发严格调控区域遴选	国土开发强度产品，2015； 国土开发聚集度产品，2015 年； 人口密度数据，2015 年
22		国土开发推荐开发区域遴选	国土开发强度产品，2015； 主体功能区规划数据
23		高产优质农田建设网格遴选	农田生产力产品，2015 年； 数字高程地形数据； 基础地理数据
24		人居环境改善网格遴选	城市绿被率产品，2015 年； 城市绿化均匀度产品，2015 年； 城市地表温度产品，2015 年
25		生态治理重点区域遴选	NPP 产品（替代 GF-4），2005～2014 年； 植被指数（植被绿度产品），2005～2014 年； 载畜压力产品，2005～2014 年； 水源涵养产品，2005～2014 年； 水土保持产品，2005～2014 年； 防风固沙产品，2005～2014 年

注：WFV 指多光谱宽覆盖（wide field of view）。

第4章 指标（专题产品）应用流程设计

4.1 总体技术流程

在构建形成主体功能区规划实施评价与辅助决策的指标（专题产品）体系后，应针对各个主体功能区的自身定位和特点，选择恰当的指标产品，开展规划实施评价和辅助决策分析。

高分遥感主体功能区规划实施评价与辅助决策的总体技术流程如图4-1所示。

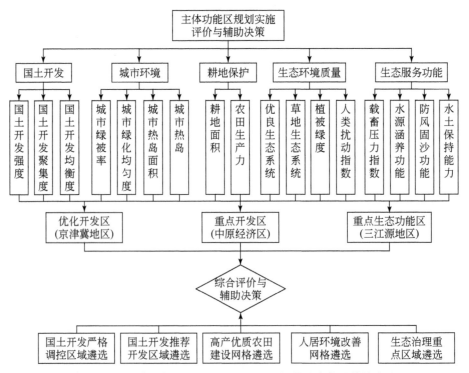

图4-1 高分遥感主体功能区规划实施评价与辅助决策总体技术流程

4.2　规划实施评价指标和流程

开展主体功能区规划实施评价与辅助决策，首先要确定待评价区域的类型，根据主体功能区类型，同时考虑特定地区的发展定位、自然地理、经济社会发展特点，选择针对性强的指标要素，展开针对性的评价。

4.2.1　国家级优化开发区（京津冀地区）

根据《全国主体功能区规划》，京津冀优化开发区规划实施的重点是要优化经济增长方式、降低资源环境消耗、提高区域和城市人居环境适宜程度。根据京津冀地区经济社会发展中存在的问题[8]，特别是考虑到全国主体功能区规划目标定位，重点落实党中央和国务院对京津冀协同发展的最新指示与要求，主要评价以下 4 个问题。

1）全区国土开发活动是否得到控制？开发布局是否得到优化？

2）高强度国土开发区域（即城市地区）宜居性是否得到提高？

3）农产品主产区中的耕地是否得到保护、质量是否得到提升？

4）重点生态功能区生态系统是否得到保护、生态服务功能是否得到提升？

根据上述 4 个问题，依据卫星遥感技术特点及数据支撑情况，特别是考虑到现有可提供数据下载的 GF-1、GF-2 卫星，以及将发射或者已发射但尚未提供数据下载的 GF-3 ~ GF-6 等卫星的遥感荷载特点和能力，本研究拟通过以下 10 个指标予以定量评价（表 4-1）。

表 4-1　优化开发区规划实施评价问题、指标和范围

序号	评价问题	评价指标	评价范围
1	国土开发是否得到控制？ 开发布局是否得到优化？	国土开发强度 国土开发聚集度 国土开发均衡度	全区

序号	评价问题	评价指标	评价范围
2	宜居性是否得到提高？	城市绿被率 城市绿化均匀度 城市热岛 城市热岛面积	城市
3	耕地是否得到保护？	耕地面积	全区
4	生态系统是否得到保护？	植被绿度 优良生态系统	全区

根据以上问题，对优化开发区展开规划实施评价，具体流程如图 4-2 所示。

4.2.2　国家级重点开发区（中原经济区）

根据《全国主体功能区规划》，针对重点开发区的评价是要实行工业化、城镇化水平优先的绩效评价，综合评价经济增长方式、吸纳人口、质量效益、产业结构、资源消耗、环境保护以及外来人口公共服务覆盖面等内容，弱化对投资增长速度等指标的评价。根据上述规划定位，考虑卫星遥感技术和数据的支撑能力，对中原经济区的评价主要围绕以下 4 个问题。

1）全区国土开发活动是否得到控制？开发布局是否得到优化？

2）高强度国土开发区域宜居性是否得到提高？

3）农产品主产区中的耕地是否得到保护、质量是否得到提升？

4）重点生态功能区中的生态系统是否得到保护、生态服务功能是否得到提升？

根据上述 4 个问题，依据卫星遥感技术特点及数据支撑情况，特别是考虑到现有可提供数据下载的 GF-1、GF-2 卫星，以及将发射或者已发射但尚未提供数据下载的 GF-3～GF-6 等卫星的遥感荷载特点和能力，本研究拟通过以下 4 类、11 个指标予以定量评价（表 4-2）。

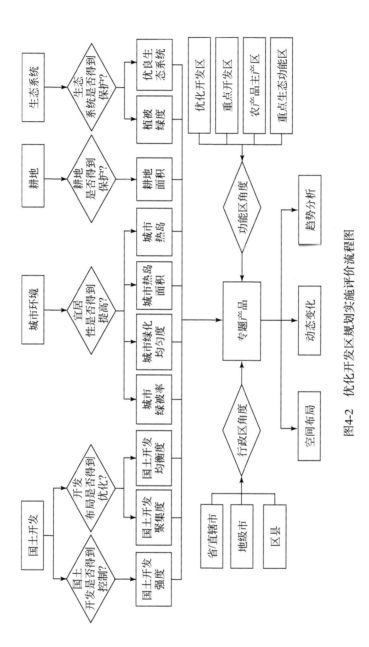

图4-2　优化开发区规划实施评价流程图

表 4-2　重点开发区规划实施评价问题、指标和范围

序号	评价问题	评价指标	评价范围
1	国土开发是否得到控制？ 开发布局是否得到优化？	国土开发强度 国土开发聚集度 国土开发均衡度	全区
2	宜居性是否得到改善？	城市绿被率 城市绿化均匀度 城市热岛 城市热岛面积	城市
3	耕地是否得到保护？	耕地面积 农田生产力	农产品主产区
4	生态系统是否得到保护？	植被绿度 优良生态系统	重点生态功能区

根据以上问题，对重点开发区展开规划实施评价，具体流程如图 4-3 所示。

4.2.3　国家级重点生态功能区（三江源地区）

根据《全国主体功能区规划》，在三江源地区重点生态功能区和禁止开发区内，规划实施的重点是要改善区域生态结构、提升生态服务功能。根据主体功能区规划核心目标，选择对应三江源地区 5 类主要生态环境问题，再兼顾数据支撑情况，本研究重点评估生态系统国土开发强度、草地变化、生态系统宏观结构及布局、生态服务功能等要素。主要评价以下 4 个问题。

1）国土开发是否得到控制？

2）生态结构是否得到优化？

3）生态质量是否得到改善？

4）生态服务功能是否得到提升？

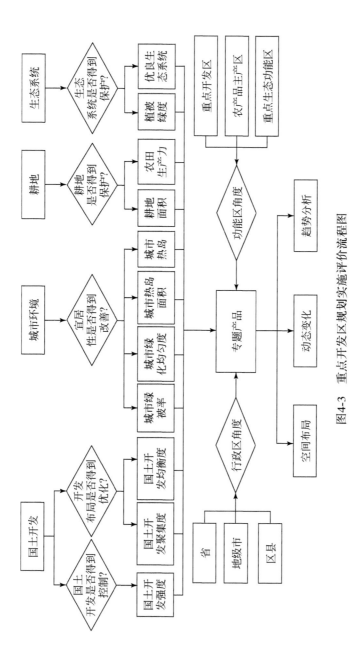

图4-3 重点开发区规划实施评价流程图

根据上述 4 个问题，依据卫星遥感技术特点及数据支撑情况，特别是考虑到现有可提供数据下载的 GF-1、GF-2 卫星，以及将发射或者已发射但尚未提供数据下载的 GF-3 ~ GF-6 等卫星的遥感荷载特点和能力，本研究拟通过以下 4 类、10 个指标予以定量评价，见表 4-3。

表 4-3   重点生态功能区规划实施评价问题、指标和范围

序号	评价问题	评价指标	评价范围
1	国土开发是否得到控制？	国土开发强度 国土开发聚集度	全区
2	生态结构是否得到优化？	优良生态系统 草地生态系统	全区
3	生态质量是否得到改善？	植被绿度 载畜压力指数 人类扰动指数	全区
4	生态服务功能是否得到提升？	水源涵养功能 水土保持能力 防风固沙功能	全区

根据以上问题，对重点生态功能区展开规划实施评价，具体流程如图 4-4 所示。

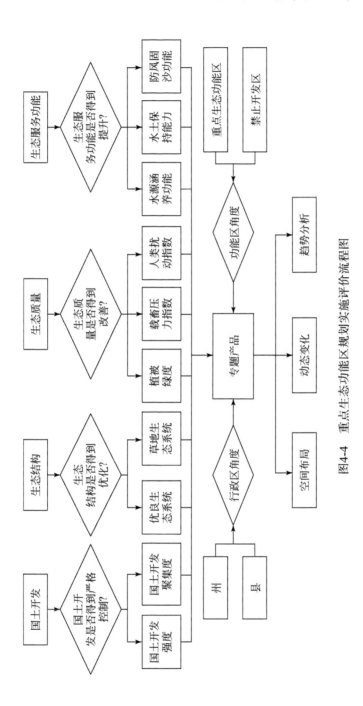

图4-4 重点生态功能区规划实施评价流程图

4.3 规划辅助决策技术流程

规划辅助决策，是在区域规划实施评价基础上，根据区域主体功能区规划目标，针对发展现状特定和发展趋势，分别从行政区维度和网格维度，提出的具有时空针对性的、促进主体功能区规划有效落实和良好运行的空间化方案，并提供给国家有关部门参考使用。

规划辅助决策，根据示范功能区区域发展定位、自然地理、经济社会发展特点，选择针对性强的决策要素侧重点，给出相应的政策建议和具体举措意见，主要是从 5 个方面（即区域调控、区域开发、改善人居、高产优质农田建设、生态治理）予以区县遴选、网格遴选。

4.3.1 国家级优化开发区（京津冀地区）

根据《全国主体功能区规划》，京津冀优化开发区规划实施的重点是要优化经济增长方式、降低资源环境消耗、提高区域和城市人居环境适宜程度。根据京津冀地区经济社会发展中存在的问题，特别是考虑到全国主体功能区规划目标定位，重点落实党中央和国务院对京津冀协同发展的最新指示与要求，主要从以下 3 个方面展开辅助决策支持。

1）全区国土开发活动哪些区域需要控制？

2）哪些区域可以重点进行国土开发活动？

3）哪些区域城市环境宜居性有待改善？

根据上述 3 个问题，依据卫星遥感技术特点及数据支撑情况，特别是考虑到 4.2.1 节主体功能区规划实施评价中所产生并应用的基础指标产品及应用指标产品，拟通过 3 个方面、8 个决策要素及指标予以决策支持，见表 4-4。

根据以上问题，对优化开发区（京津冀地区）展开辅助决策，具体流程如图 4-5 所示。

表 4-4 优化开发区规划辅助决策问题、指标和范围

序号	评价问题	决策要素及指标	辅助决策产品
1	国土开发严格调控区域？	国土开发强度 国土开发聚集度 人口密度	国土开发严格调控区县遴选 国土开发严格调控网格遴选
2	国土开发推荐开发区域？	国土开发强度 主体功能区规划	国土开发推荐开发区县遴选 国土开发推荐开发网格遴选
3	人居环境改善区域？	城市绿被率 城市绿化均匀度 城市地表温度	人居环境改善网格遴选

4.3.2 国家级重点开发区（中原经济区）

根据《全国主体功能区规划》，针对重点开发区的评价是要实行工业化、城镇化水平优先的绩效评价，综合评价经济增长方式、吸纳人口、质量效益、产业结构、资源消耗、环境保护以及外来人口公共服务覆盖面等内容，弱化对投资增长速度等指标的评价。根据上述规划定位，考虑卫星遥感技术和数据的支撑能力，对中原经济区的辅助决策主要围绕以下 4 个问题。

1）全区国土开发活动哪些区域需要严格控制？

2）全区国土空间哪些区域可以重点开发？

3）全区哪些区域可以进行高产优质农田建设？

4）哪些区域城市环境宜居性有待改善？

根据上述 4 个问题，依据卫星遥感技术特点及数据支撑情况，特别是考虑到 4.2.2 节主体功能区规划实施评价中所产生并应用的基础指标产品及应用指标产品，通过 4 个方面、11 个要素及指标予以决策支持，见表 4-5。

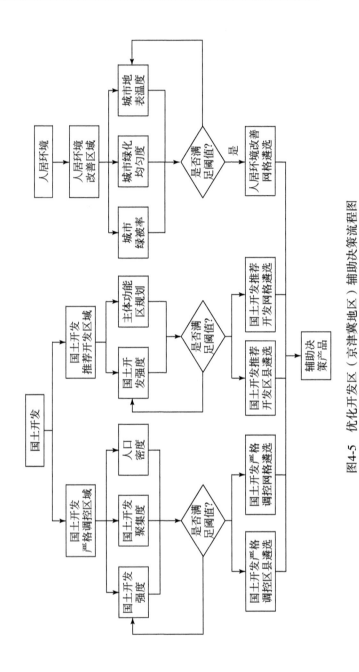

图4-5 优化开发区（京津冀地区）辅助决策流程图

表 4-5　重点开发区规划辅助决策问题、指标和范围

序号	评价问题	决策要素及指标	辅助决策产品
1	国土开发严格调控区域？	国土开发强度 国土开发聚集度 人口密度	国土开发严格调控区县遴选 国土开发严格调控网格遴选
2	国土开发推荐开发区域？	国土开发强度 主体功能区规划	国土开发推荐开发区县遴选 国土开发推荐开发网格遴选
3	高产优质农田建设区域？	农田生产力 基础地理数据 地形坡度	高产优质农田建设网格遴选
4	人居环境改善区域？	城市绿被率 城市绿化均匀度 城市地表温度	人居环境改善网格遴选

根据以上问题，对重点开发区（中原经济区）展开辅助决策，具体流程如图 4-6 所示。

4.3.3　国家级重点生态功能区（三江源地区）

根据《全国主体功能区规划》，在三江源地区重点生态功能区和禁止开发区内，规划实施的重点是要改善区域生态结构、提升生态服务功能。根据主体功能区规划核心目标，针对三江源地区重要生态环境问题，予以决策支持，从生态质量和生态服务功能角度对生态环境存在恶化情况、需要重点治理的区域进行遴选。

根据上述问题，依据卫星遥感技术特点及数据支撑情况，特别是考虑到 4.2.3 节主体功能区规划实施评价中所产生并应用的基础指标产品及应用指标产品，通过 6 个要素及指标予以决策支持（表 4-6）。

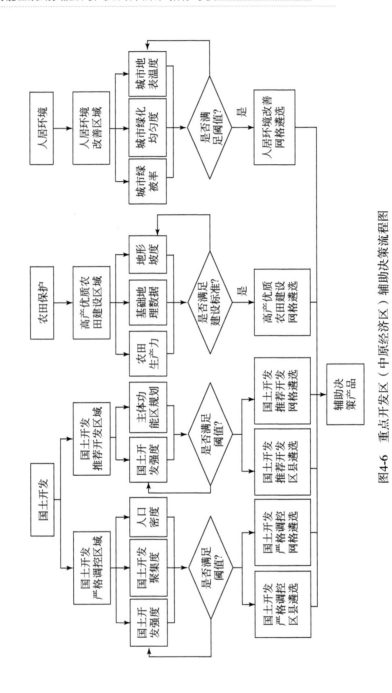

图4-6 重点开发区（中原经济区）辅助决策流程图

表 4-6　重点生态功能区规划辅助决策问题、指标和范围

评价问题	决策要素及指标	辅助决策产品
生态治理重点区域?	NPP 植被绿度 载畜压力指数 水源涵养功能 水土保持能力 防风固沙功能	生态治理重点区县遴选 生态治理重点网格遴选

　　根据以上问题，对重点生态功能区（三江源地区）展开辅助决策，具体流程如图 4-7 所示。

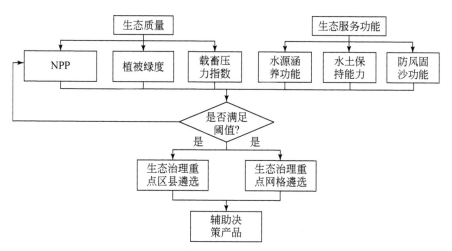

图 4-7　重点生态功能区（三江源地区）辅助决策流程图

第5章　基础专题产品研制流程

5.1　土地利用与土地覆被产品

5.1.1　概述

LULC 产品是卫星遥感应用研究最基础、最核心的产品。

在本研究设计的评价指标中，国土开发强度、国土开发聚集度、国土开发均衡度、耕地面积、优良生态系统、人类扰动指数等，均直接使用了 LULC 产品。

本研究中 2005 年、2010 年的 LULC 产品是基于 TM、ETM+等影像数据，应用人工目视判读辅助计算机解译得到，2015 年的 LULC 产品则是基于 GF-1 WFV 影像，应用人工目视判读辅助计算机解译得到。三个时段的 LULC 产品的研制技术过程完全相同。因此，本研究即以 2015 年 LULC 产品的研制过程为例，说明 LULC 产品研制关键环节。

5.1.2　基础数据

研究使用数据如下。

1）2015 年 GF-1 数据（13 景）；

2）2013 年 LULC 矢量数据；

3）Google Earth 影像数据；

4）ArcGIS 在线遥感影像。

LULC 解译所使用的卫星影像为 2015 年夏季（均为 7～8 月）GF-1 卫星 16 m 分辨率的 WFV 相机数据，采用了 432 假彩色合成。

WFV 相机具体参数及影像数据见表 5-1。

表5-1 GF-1 卫星 WFV 相机参数

有效载荷	波段号	光谱范围（nm）	空间分辨率（m）	宽幅（km）	测摆能力（°）
WFV 相机	1	450～520	16	800	±32
	2	520～590			
	3	630～690			
	4	770～890			

表5-2 显示了所用到的高分数据影像。

表5-2 京津冀地区 LULC 解译使用的具体卫星影像

代码	获取时间	数据标识
1	2015 年 07 月 26 日	GF1_WFV1_E113.0_N36.3_20150726_L1A0000944861
2	2015 年 08 月 15 日	GF1_WFV1_E115.5_N36.3_20150815_L1A0000980476
3	2015 年 08 月 15 日	GF1_WFV1_E115.9_N38.0_20150815_L1A0000980475
4	2015 年 08 月 23 日	GF1_WFV1_E116.2_N36.3_20150823_L1A0000993634
5	2015 年 07 月 06 日	GF1_WFV2_E113.6_N42.6_20150706_L1A0000902339
6	2015 年 08 月 15 日	GF1_WFV2_E118.6_N39.3_20150815_L1A0000980480
7	2015 年 08 月 15 日	GF1_WFV2_E119.1_N41.0_20150815_L1A0000980479
8	2015 年 07 月 05 日	GF1_WFV2_E119.5_N42.6_20150705_L1A0000900564
9	2015 年 07 月 02 日	GF1_WFV3_E113.5_N37.3_20150702_L1A0000896135
10	2015 年 07 月 02 日	GF1_WFV3_E114.0_N38.9_20150702_L1A0000896134
11	2015 年 08 月 08 日	GF1_WFV3_E114.0_N40.6_20150808_L1A0000968919
12	2015 年 07 月 02 日	GF1_WFV3_E115.1_N42.2_20150702_L1A0000896132
13	2015 年 07 月 02 日	GF1_WFV4_E116.2_N38.5_20150702_L1A0000896141

5.1.3 处理流程

以 2013 年 LULC 数据（LULC2013）为基础，应用 2015 年夏季 GF-1 WFV 影像，开展 2013～2015 年研究区 LULC 动态变化解译，最终形成 LULC2015 产品，具体技术流程如图 5-1 所示。

分类系统：土地利用分类系统沿用中国科学院资源环境科学数据中心数据库中一贯的分类系统，即 6 个一级类，25 个二级类。具体见表 5-3。

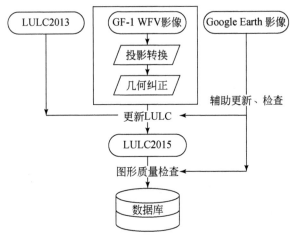

图 5-1　技术流程图

表 5-3　中国科学院资源环境科学数据中心 LULC 分类系统

一级类		二级类		含义
编号	名称	编号	名称	
1	耕地	—	—	指种植农作物的土地，包括熟耕地、新开荒地、休闲地、轮歇地、草田轮作物地；以种植农作物为主的农果、农桑、农林用地；耕种三年以上的滩地和海涂
		11	水田	指有水源保证和灌溉设施，在一般年景能正常灌溉，用以种植水稻、莲藕等水生农作物的耕地，包括实行水稻和旱地作物轮种的耕地
		12	旱地	指无灌溉水源及设施，靠天然降水生长作物的耕地；有水源和浇灌设施，在一般年景下能正常灌溉的旱作物耕地；以种菜为主的耕地；正常轮作的休闲地和轮歇地

续表

一级类		二级类		含义
编号	名称	编号	名称	
2	林地	—	—	指生长乔木、灌木、竹类以及沿海红树林地等林业用地
		21	有林地	指郁闭度>30%的天然林和人工林，包括用材林、经济林、防护林等成片林地
		22	灌木林	指郁闭度>40%、高度在2m以下的矮林地和灌丛林地
		23	疏林地	指林木郁闭度为10%～30%的林地
		24	其他林地	指未成林造林地、迹地、苗圃及各类园地（果园、桑园、茶园、热作林园等）
3	草地	—	—	指以生长草本植物为主，覆盖度>5%的各类草地，包括以牧为主的灌丛草地和郁闭度<10%的疏林草地
		31	高覆盖度草地	指覆盖度>50%的天然草地、改良草地和割草地，此类草地一般水分条件较好，草被生长茂密
		32	中覆盖度草地	指覆盖度为20%～50%的天然草地和改良草地，此类草地一般水分不足，草被较稀疏
		33	低覆盖度草地	指覆盖度为5%～20%的天然草地，此类草地水分缺乏，草被稀疏，牧业利用条件差
4	水域	—	—	指天然陆地水域和水利设施用地
		41	河渠	指天然形成或人工开挖的河流及主干常年水位以下的土地。人工渠包括堤岸
		42	湖泊	指天然形成的积水区常年水位以下的土地
		43	水库坑塘	指人工修建的蓄水区常年水位以下的土地
		44	永久性冰川雪地	指常年被冰川和积雪所覆盖的土地
		45	滩涂	指沿海大潮高潮位与低潮位之间的潮侵地带
		46	滩地	指河、湖水域平水期水位与洪水期水位之间的土地

续表

一级类		二级类		含义
编号	名称	编号	名称	
5	城乡、工矿、居民用地	—	—	指城乡居民点及其以外的工矿、交通等用地
		51	城镇用地	指大、中、小城市及县镇以上建成区用地
		52	农村居民点	指独立于城镇以外的农村居民点
		53	其他建设用地	指厂矿、大型工业区、油田、盐场、采石场等用地，以及交通道路、机场及特殊用地
6	未利用土地	—	—	目前还未利用的土地，包括难利用的土地
		61	沙地	指地表为沙覆盖，植被覆盖度<5%的土地，包括沙漠，不包括水系中的沙漠
		62	戈壁	指地表以碎砾石为主，植被覆盖度<5%的土地
		63	盐碱地	指地表盐碱聚集、植被稀少，只能生长强耐盐碱植物的土地
		64	沼泽地	指地势平坦低洼、排水不畅、长期潮湿、季节性积水或常年积水、表层生长湿生植物的土地
		65	裸土地	指地表土质覆盖，植被覆盖度<5%的土地
		66	裸岩石质地	指地表为岩石或石砾，其覆盖面积>5%的土地
		67	其他	指其他未利用土地，包括高寒荒漠、苔原等

投影坐标：动态更新制图的投影坐标与此前数据库保持一致，为双标准纬线等面积割圆锥投影，也称 Albers 投影，具体参数如下所示。

坐标系：大地坐标系。

投影：Albers 投影。

南标准纬线：$25°$N。北标准纬线：$47°$N。中央经线：$105°$E。坐标原点：$105°$E 与赤道的交点；

纬向偏移：$0°$。经向偏移：$0°$。

椭球参数采用 Krasovsky 参数：$a = 6\,378\,245.000\,0\text{m}$，$b = 6\,356\,863.018\,8\text{m}$。

统一空间度量单位：m。

精纠正误差控制：1 ~ 2 个像元。

动态解译标准：大于 16 个像元的地物均要求解译。

5.1.4　精度评价

在京津冀地区随机生成 300 个抽样点，采用基于误差矩阵的分类精度评价方法进行精度评价，并计算制图精度、用户精度、总体精度等。

利用高分影像参照对比，并应用误差矩阵方法计算得出（表 5-4），京津冀地区 LULC 解译的总体精度（OA）为 91.67%，用户精度（UA）和制图精度（PA）均达到 80% 以上，错分误差（CE）和漏分误差（OE）均低于 16%，根据全国土地利用数据库 2005 年更新实施方案中的质量检查规范，符合制图精度。

表 5-4　京津冀地区 LULC 误差矩阵

LULC 类型		参考数据						CE	UA
		耕地	林地	草地	水域	建设用地	其他	总计	
解译数据	耕地	134	6	0	0	5	0	145	7.59	92.41
	林地	1	42	0	0	1	0	44	4.55	95.45
	草地	2	0	31	0	0	0	33	6.06	93.94
	水域	0	0	0	8	0	0	8	0	100.00
	建设用地	6	2	1	1	59	0	69	14.49	85.51
	其他	0	0	0	0	0	1	1	0	100
	总计	143	50	32	9	65	1	300		
	OE（%）	6.29	16.00	3.13	11.11	9.23	0		OA = 91.67%	
	PA（%）	93.71	84.00	96.87	88.89	90.77	100			

5.2　城市绿被覆盖产品

5.2.1　概述

城市绿被覆盖是指乔木、灌木、草坪等所有植被的垂直投影面积，包括屋顶绿化植物的垂直投影面积以及零星树木的垂直投影面积，乔木树冠下的灌木和草本植物不能重复计算。

城市绿被覆盖产品是开展城市宜居性评价的重要指标，依据城市绿被覆盖产品，可以进一步计算得到城市绿被率、城市绿化均匀度两个关键评价指标。

城市绿被覆盖产品都是使用基于支持向量机的监督分类方法得到的。其中，2005 年、2010 年产品是基于 Landsat-5 TM 影像数据，2015 年产品则是基于 GF-1 WFV 影像。三个时段的城市绿被覆盖产品的研制技术过程完全相同。因此，本研究即以 2015 年北京市城市绿被覆盖产品的研制过程为例，说明城市绿被覆盖产品研制关键环节。

5.2.2 基础数据

与前面的 LULC 产品研制不同，城市绿被覆盖产品只需要提取城市建成区内的绿地，所需处理的影像范围大大减少。但是信息提取过程需要深入到城市内部，因此对于信息提取的精细程度和产品精度要求更高。

研究使用的数据如下。①2015 年 GF-1 数据；②2013 年 LULC 矢量数据（用于提取城市建成区）；③Google Earth 影像数据；④ArcGIS 在线遥感影像。

城市绿被覆盖信息提取使用了 Landsat-5、GF-1 卫星数据。其中，2005 年和 2010 年使用的是 TM 影像数据，2015 年使用的是 GF-1 WFV 影像数据，具体参数见表5-5。

表 5-5 卫星遥感信息源

年份	卫星	传感器	影像光谱范围	波段	分辨率（m）
2005	Landsat-5	TM	多光谱影像	7	30
2010	Landsat-5	TM	多光谱影像	7	30
2015	GF-1	WFV	多光谱影像	4	16

研究还使用了 Google Earth 影像数据、ArcGIS 在线遥感影像数据，用于高分绿被产品精度验证。

5.2.3 处理流程

研究采用了基于支持向量机的监督分类方法来提取城市绿被覆盖信息，具体流程如图 5-2 所示。

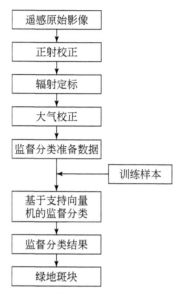

图 5-2　城市绿被覆盖信息提取流程

城市绿地斑块的提取主要包括三个步骤：影像选取、影像预处理和绿地斑块提取。

1）影像选取：选取原则是 2005 年、2010 年、2015 年 7 ~ 8 月的影像，同时尽量选取无云清晰的数据。

2）影像预处理：包括正射校正、辐射定标和大气校正。

第一，正射校正。对影像空间和几何畸变进行校正生成多中心投影平面正射影像来纠正一般系统因素产生的几何畸变并消除地形引起的几何畸变。可以通过 ENVI 5.1 工具箱中的自动正射校正工具 RPC orthorectification 实现。

第二，辐射定标。通过将记录的原始影像像元亮度值转换为大气外层表面反射率来消除传感器本身的误差，确定传感器入口处准确的辐射值。可以通过 ENVI 5.1 工具箱中的 Radiometric calibration 实现。

第三，大气校正。通过将辐射亮度值或者表面反射率转换为地表实际反射率来消除大气散射、吸收、反射引起的误差。可以通过 ENVI 5.1 工具箱中的 Atmosphere correction 实现。

3）绿地斑块提取：本次绿地提取是使用基于支持向量机的监督分类方法实现的。首先在预处理好的影像上选择各种地物的训练样本，计算各样本之间的可分离性，当样本中各地物的可分离性指数达到1.8以上时，使用基于支持向量机的方法对影像进行监督分类，最后单独提取出分类结果中的绿地斑块。

5.2.4 精度评价

在各个城市内部随机生成抽样点，采用基于误差矩阵的分类精度评价方法进行精度评价，并计算制图精度、用户精度、总体精度等。

利用高分影像参照对比，并应用误差矩阵方法计算得出（表5-6），有28个非绿地点被错分为绿地，绿地错分误差（CE）为17.07%；有14个绿地点被漏分为非绿地，绿地漏分误差（OE）为9.33%；绿地用户精度（UA）为82.93%，制图精度（PA）为90.67%，总体精度（OA）为86%。

表5-6 误差矩阵

LULC 类型		参考数据			CE（%）	UA（%）
		绿地	非绿地	总计		
解译数据	绿地	136	28	164	17.07	82.93
	非绿地	14	122	136	10.29	89.71
	总计	150	150	300		
	OE（%）	9.33	18.67		OA = 86%	
	PA（%）	90.67	81.33			

5.3 地表温度产品

5.3.1 概述

地表温度（land surface temperature，LST）在环境遥感研究及地球资源应用过程中具有广泛而深入的需求。它是重要的气候与生态控制因子，影响着大气、海洋、陆地的显热和潜热交换，是研究地气系统能量平衡、地-气相互作用的基本物理量。但由于地球–植被–大气这一系统的复杂性，精确反演 LST 成为一个公认的难题。

在本研究中，城市热岛的评估取决于城市 LST 产品的获取。本研究对中心城市 2005 年、2010 年、2015 年的夏季白天 LST 进行了研制。利用当年 7~9 月 MODIS 夏季白天 LST 产品求平均值后，依据 Landsat 或 GF-1 卫星数据，进行降尺度运算（将空间分辨率从 1km 转为 30m），最终即为所求当年夏季温度产品。不同地区的 LST 产品的反演过程完全相同。因此，本研究即以北京市 LST 产品研制为例，说明 LST 研制和验证关键环节。

5.3.2　基础数据

根据评估计划，对 2005 年、2010 年和 2015 年北京市夏季白天 MODIS 的 LST 产品进行降尺度研制。使用的 Landsat 或 GF-1 卫星数据获取时间均为当年 6~9 月，此时段植被生长旺盛，选取云量较少的影像数据为最终数据。具体数据文件见表 5-7。

表 5-7　北京市数据情况表

年份	数据标志	
	MODIS	Landsat
2005	MODLT1 M. 20050701. CN. LTD. AVG. V2 MODLT1 M. 20050801. CN. LTD. AVG. V2 MODLT1 M. 20050901. CN. LTD. AVG. V2	LT51230322005190BJC00（7 月 9 日）
2010	MODLT1 M. 20100702. CN. LTD. AVG. V2 MODLT1 M. 20100801. CN. LTD. AVG. V2 MODLT1 M. 20100901. CN. LTD. AVG. V2	L5123032_ 03220100808（8 月 8 日）
2015	MODLT1 M. 20150701. CN. LTD. AVG. V2 MODLT1 M. 20150801. CN. LTD. AVG. V2 MODLT1 M. 20150901. CN. LTD. AVG. V2	LC81230322014231LGN00（8 月 19 日）

MODIS 和 Landsat 等影像数据的下载地址为 http：//www. gscloud. cn/。根据 GF 系列卫星发射计划，GF-5 卫星将具有热红外探测能力，GF-4 卫星也具有中波红外探测能力。因此，GF-5 卫星将可以直接应用到城市地表温度反演研究中，

GF-4 卫星数据在开展一定的技术攻关后，可以应用到地表温度反演研究中。

5.3.3　处理流程

以 2010 年 Landsat-8 及当年 MODIS 夏季白天温度产品作为数据源，降尺度得到地表温度，并进行统计分析，对北京市的城市热岛情况进行评估，具体如图 5-3 所示。

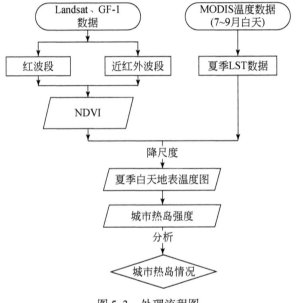

图 5-3　处理流程图

MODIS 温度产品降尺度说明：植被和水体是控制 LST 最具影响力的因子，因此利用 NDVI（选取 6~9 月时相较好的影像，采用最大值合成法）与 LST 相关关系较强的特点，进行栅格降尺度再分配，分配原则为同时满足以下条件：新栅格值小于等于全区最高温度；大于等于全区最低温度；降尺度的各个区域的温度的最值（最大值与最小值）和平均值之比不得大于全区温度的标准差与全区温度的平均值之比；新栅格值升尺度后的平均温度等于旧栅格的值。全区依照 NDVI 调节分配，NDVI 大于特定值，则温度不高于 30℃，高于则需重新分配。

5.3.4　精度评价

针对 MODIS LST 产品、降尺度后 LST 产品，采用同期的 Landsat LST 产品（自行反演得到）对其进行精度验证。可以采用空间分布对比方法、统计对比方法、空间抽样统计方法等。

从空间分布对比上看，对 LST 产品的评价还可以从不同 LST 产品的空间格局上进行比较。从总体上看，MODIS LST 产品、降尺度后 LST 产品与 Landsat LST 产品具有大致相同的空间分布格局，MODIS LST 产品空间分辨率较低；而降尺度后 LST 和 Landsat LST 产品空间分辨率较高，可以清楚展示空间分异。具体来说，2010 年 8 月 8 日，北京市三种产品地表温度空间分布大致相同（表5-8），西北部存在低温，主城区（东城区、西城区、朝阳区、海淀区、丰台区及石景山区）存在高温。

表5-8　2010 年 8 月 8 日北京市三种温度产品数据对比表　　（单位:℃）

项目	MODIS LST	降尺度后 LST	Landsat LST
最高值	33.51	35.48	41.9
最低值	21.17	21.17	18.07
平均温度	26.94	26.46	26.15

由表5-8 可知，三种温度产品相比，结果较为相近。就区域最高值相比，Landsat LST 产品比 MODIS LST 产品高约8℃，比降尺度后 LST 产品高约6℃。这是因为 Landsat 影像具有较高的空间分辨率，可以更加准确地反映区域温度的空间变化和异常，而不至于像 MODIS 产品一样，由于空间分辨率较低，造成区域温度的平滑化，无法敏感反映区域的高热异常。

对于 LST 产品，还可以通过空间采样继而计算两种产品的相关性。其中，评价相关性和精度的指标有均方根误差和估算精度。

1）均方根误差（root mean square error，RMSE）：

$$RMSE = \sqrt{\frac{\sum_{i=1}^{n}(VCY_i - VCX_i)^2}{n}}$$

式中，VCX 和 VCY 分别为 MODIS 和 Landsat 样本点提取数据；n 为样本个数。

2）估算精度（estimate accuracy，EA）：

$$EA = \left(1 - \frac{RMSE}{Mean}\right) \times 100\%$$

式中，Mean 为 MODIS 数据采样点的均值。

具体方式：首先在空间上按行列规则采样，在北京共采集 570 个样点；剔除空缺值后，利用筛选保留的 400 余个样点做空间散点图，并计算相关系数和决定系数，具体见表 5-9。

表 5-9   北京市温度产品数据拟合结果

产品	样本数（个）	b	R^2	RMSE	EA（%）
MODIS LST	419	—	0.5645	1.44	94.66
降尺度后 LST		0.9734	0.5679	1.33	95.05

注：b 为截距。

根据表 5-9 可知，本研究所得 2010 年 8 月 8 日 MODIS LST 和降尺度后 LST 产品与同期的 Landsat LST 产品数据拟合具有较好的线性相关性，b 值极为接近 1，表明本研究所研制的 LST 产品精度较高。其中，MODIS LST 产品的估算精度在 94.66%，降尺度后 LST 产品的估算精度为 95.05%，略高于 MODIS LST 产品，表明降尺度后 LST 产品不仅在数据估算精度上得到一定提升，同时分辨率也得到大幅提高，在细节描述上更能体现城市内部的差异性。

5.4 植被绿度产品

5.4.1 概述

植被绿度，即归一化植被指数（NDVI），是衡量陆地植被生长状况的基本指标。

NDVI 产品是全球植被状况监测和土地覆被变化监测的基础产品。NDVI 产品可作为模拟全球生物地球化学和水文过程与全球、区域气候的输入，也可以用于刻画地球表面生物属性和过程，包括初级生产力和土地覆被转变。

本研究中 2005～2013 年所用到的 NDVI 数据来自于美国国家航空航天局（National Aeronautics and Space Administration，NASA）发布的 MODIS L3/L4 MOD13A3 产品。2014～2015 年 NDVI 数据依据 GF-1 WFV 影像数据由本研究自行计算得到，GF-1 WFV 影像可以从中国资源卫星应用中心（http：//www. cresda. com/cn/）下载得到。

5.4.2　基础数据

研究所使用的基础数据和产品如下：①2005～2015 年，MODIS L3/L4 MOD13A3 产品；②2014～2015 年，GF-1 WFV 影像数据，下载于中国资源卫星应用中心网站；③京津冀地区主体功能区规划图（用于提取重点生态功能区）。

5.4.3　处理流程

2005～2013 年 NDVI 数据利用 MODIS L3/L4 MOD13A3 数据处理得到，具体流程如图 5-4 所示。

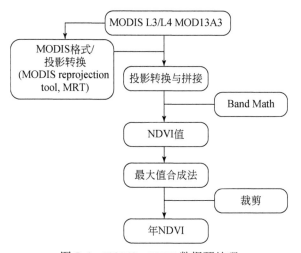

图 5-4　MODIS_ NDVI 数据预处理

下载得到的 MODIS NDVI 数据的有效值范围为（-20 000，10 000），其中 -30 000 为无效值。NDVI 数值扩大，需要利用 Band Math 进行处理，算法为

$$b1 \text{ lt } 0 \quad *0+ \quad b1 \text{ ge } 0 \quad * \quad b1 *0.0001$$

NDVI 年值产品通过年内月值产品的最大值合成法得到。具体公式为

$$M_{\text{NDVI}} = \text{Max}(\text{NDVI}_1，\text{NDVI}_2，\text{NDVI}_3，\cdots)$$

2014 ~ 2015 年 NDVI 数据由 GF-1 WFV 数据获取，具体处理流程如图 5-5 所示，波段性能参数见表 5-10。

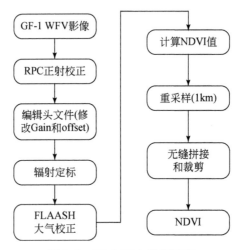

图 5-5　GF-1 WFV 数据处理

表 5-10　GF-1 WFV 影像波段性能参数表

波段号	波段	波长（μm）	分辨率（m）
1	蓝	0.45 ~ 0.52	16
2	绿	0.52 ~ 0.59	16
3	红	0.63 ~ 0.69	16
4	近红外	0.77 ~ 0.89	16

NDVI 由 GF-1 卫星遥感数据得到，具体方法为

$$\text{NDVI} = \frac{\text{NIR}-R}{\text{NIR}+R}$$

式中，NIR 为近红外波段；R 为红波段。

5.4.4　精度评价

针对 2014 ~ 2015 年的 GF-1 影像计算的 NDVI 数据，采用同期的 MODIS

NDVI 数据对其进行精度验证。

遥感产品 NDVI 为空间连续数据，其数值具有明确的物理意义，数值本身也是连续的，数值的高低意味着不同的能力，但是不代表物理化学性质的变化。采用常规统计方法计算相关系数、均方根误差、估算精度等来对高分影像获取的 NDVI 进行精度评价。

均方根误差（RMSE）：

$$\text{RMSE} = \sqrt{\frac{\sum\limits_{i=1}^{n} (\text{VCY}_i - \text{VCX}_i)^2}{n}}$$

式中，n 为验证点个数；VCY_i 为第 i 个点提取的 GF-1 NDVI 值；VCX_i 为第 i 个验证点的 MODIS NDVI 值。

估算精度（EA）：

$$\text{EA} = \left(1 - \frac{\text{RMSE}}{\text{Mean}}\right) \times 100\%$$

式中，Mean 为 MODIS NDVI 验证点的均值。

京津冀地区重点生态功能区内随机选取了 109 个样点。

以 MODIS NDVI 验证点为横坐标，以 GF-1 NDVI 提取点为纵坐标，制作散点图，如图 5-6 所示，验证结果如表 5-11 所示。

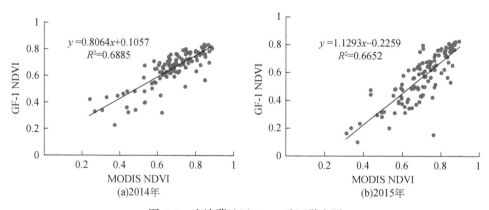

图 5-6 京津冀地区 NDVI 验证散点图

表 5-11　京津冀地区高分 NDVI 精度验证结果统计

区域	2014 年		2015 年		总体	
	RMSE	EA（%）	RMSE	EA（%）	RMSE	EA（%）
重点生态功能区	0.083	87.75	0.170	75.75	0.133	80.56

根据表 5-11 精度分析发现，本研究基于 GF-1 WFV 所得的 2014~2015 年的 NDVI 数据与同期 MODIS NDVI 产品具有较好的一致性。两期的 GF-1 NDVI 产品与 MODIS NDVI 产品之间的相关系数均在 0.66 以上，其中，2014 年 GF-1 NDVI 产品估算精度为 87.75%，2015 年 GF-1 NDVI 产品估算精度稍低，为 75.75%。

5.5　农田生产力产品

5.5.1　概述

植被 NPP（net primary productivity，净初级生产力）是植被在单位时间和单位面积上所累积的有机干物质总量，与作物产量直接相关。基于 LULC 数据"耕地类型"分类的 NPP 产品即为农田生产力（农田 NPP）产品，它是度量作物产量最基础、最核心的产品。

高时空分辨率的遥感数据对大范围、高精度、快速变化的农田生产力遥感监测提供有力支持，基于 VPM（vegetation photosynthesis model）模型 500m 空间分辨率的 NPP 数据和 Landsat-8_EVI 时序拟合得到的 30m 空间分辨率的农田 NPP 产品，可以满足清晰地掌握精细尺度上农作物生长动态的需求。

中、低产田是指目前的产出水平远未达到所处的自然和社会经济条件下应有的生产能力，具有较大增产潜力的耕地；高产田是指不存在或较少存在制约农业生产的限制因素，生产能力较高的耕地。

人口的持续增长和食物消费水平的快速提升使得我国的粮食自给问题越发受到关注。后备土地资源补给能力的不足和城市化过程对优质耕地的占用使得耕地资源"开源"和"节流"均存在一定困难，因此，提高耕地资源利用效率、提升耕地生产能力成为当前我国农业发展的根本策略，清晰地掌握高产田面积的变化是定量评估标准农田项目建设成效的必要手段。

5.5.2 基础数据

本研究中，农田生产力产品即基于 LULC 数据"耕地类型"分类的 NPP 产品。

研究所使用的基础数据和产品如下：①2005 年、2010 年 TM5 数据，2015 年 Landsat-8_OLI 数据；②VPM 模型 2005 年、2010 年、2015 年 500m NPP 数据；③2005 年、2010 年、2015 年 LULC 矢量数据。

5.5.3 处理流程

以 MODIS_EVI、MODIS_LSWI 数据、PAR、温度、作物历、物候、LULC 数据、Landsat-5 数据、Landsat-8_OLI 数据为基础，应用 VPM 模型和时序拟合方法，开展 2004 年、2009 年、2014 年河南省漯河市舞阳县的 30m 空间分辨率 NPP 产品的计算。最终对获取的高分辨率 NPP 数据进行求导运算，形成高空间分辨率 NPP 变化产品；对获取的高分辨率 NPP 数据依据标准进行划分，得到高空间分辨率的高、中、低产田数据，对比分析不同时期的高、中、低产田数据形成高空间分辨率的农田生产力产品，具体流程如图 5-7 所示。

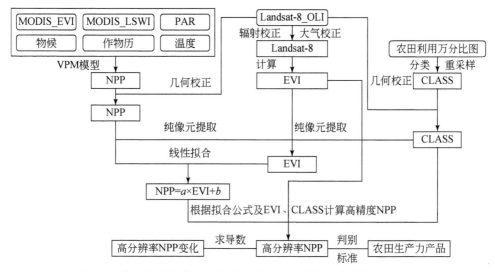

图 5-7 高空间分辨率 NPP 变化和农田生产力产品生成技术流程图

5.5.4 精度评价

以河南省舞阳县为例，对农田生产力产品进行精度验证，其结果见表5-12～表5-14。

表5-12 2009～2014年舞阳县NPP均值和粮食平均产量统计

年份	NPP年均值（gC/m²）	粮食平均产量（kg/m²）
2009	567	1.18
2014	980	1.72

表5-13 2009～2014年舞阳县粮食统计提升值和计算提升值对比

（单位：kg/m²）

对比项	2009～2014年粮食产量提升
统计值	0.70
计算值	0.54

表5-14 2009～2014年舞阳县高产田面积统计值和计算值对比

（单位：km²）

对比项	2009年	2014年
统计值	667	16 008
计算值	633	18 052

根据2009年舞阳县的统计结果（表5-12），全县2009年粮食平均产量为1.18kg/m²，2014年粮食平均产量为1.72kg/m²，2009～2014年粮食平均产量提升0.54kg/m²。同时计算结果显示，2009年舞阳县高空间分辨率NPP的年均值为567gC/m²，2014年舞阳县高空间分辨率NPP年均值为980gC/m²。2014年的NPP均值和2009年的NPP均值相差413gC/m²，以2014年的粮食平均产量和NPP均值为参考，计算得到2009～2014年粮食平均产量提升值为0.70kg/m²。对比分析统计数据的0.54kg/m²，两者相差0.16kg/m²，由此说明遥感数据估算的结果具有较高的精度且和统计结果具有很好的一致性。

根据舞阳县2009年的统计结果（表5-14），全县2009年高产田面积为

667km² 左右。由 VPM 模型和时序拟合算法得到的高空间分辨率 NPP 数据计算出的高产田面积为 633km² 左右。全县 2014 年高产田面积为 16 008km² 左右。由 VPM 模型和时序拟合算法得到的高空间分辨率 NPP 数据计算出的高产田面积为 18 052km² 左右。由此可见高空间分辨率的遥感数据获取的高产田面积数据和实际的统计数据具有很好的一致性，同时也说明高空间分辨率的遥感数据可以在更精细的尺度上提供准确的辅助信息。

5.6 载畜压力产品

5.6.1 概述

近几十年来，由于气候变化和人类活动的双重影响，三江源地区草地生态系统发生了严重退化，已经严重影响了该地区的生态环境和草地畜牧业的可持续发展。超载过牧是三江源地区草地退化的最主要因素。通过研究草地载畜压力的动态变化，可以为该地区草地恢复、管理和利用战略的制定提供科学依据。

草地载畜压力可以用载畜压力指数来表示，即草地实际载畜量与理论载畜量的比值[49]。

本研究使用的 2005～2014 年 NPP 数据来自于 NASA 发布的 MODIS L3/L4 MOD17A3 产品。

5.6.2 基础数据

研究区域为三江源地区重点生态功能区。

研究所使用的基础数据和产品如下：①2005～2014 年，MODIS L3/L4 MOD17A3 产品；②2005 年、2010 年、2015 年三江源地区 LULC 产品；③2005～2014 年，三江源地区大牲畜和羊的出栏数、存栏数统计数据。

5.6.3 处理流程

载畜压力指数计算流程如图 5-8 所示。

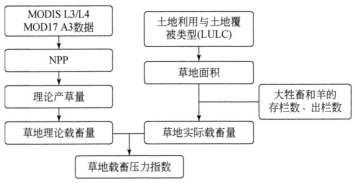

图 5-8　载畜压力指数计算流程图

5.6.4　精度评价/产品替代说明

本研究中，计算产草量所需的 NPP 数据使用了 MODIS L3/L4 MOD17A3 的 NPP 产品，未来可以使用基于 GF-4 卫星的 NPP 产品予以替代。但是，考虑到 GF 系列卫星的发射日期，对于本地区历史 NPP、历史产草量、历史载畜压力指数的计算，依然需要使用 MODIS 的相关产品。同时，在使用 GF 系列卫星数据时，需要进一步做好时间序列数据衔接工作。

研究中，由于 LULC 数据只有 2005 年、2010 年、2015 年三个年份的卫星遥感解译产品，为便于合理开展连续时间序列的草地载畜压力评价，需要得到时间序列的草地空间分布和草地面积数据。本研究中采用线性插值方法计算得到各地区逐年草地面积数值。

5.7　水源涵养产品

5.7.1　概述

三江源地区植物种类繁多、植株低矮、生长密集，具有良好的水源涵养能力。水源涵养能力通过生态蓄水能力体现。生态蓄水能力值越高，表明生态系统可调蓄容量越大，生态系统水源涵养能力越强。

本研究采用降水储存量法，即用林草生态系统的蓄水效应来衡量其涵养水分的功能[50]。降水储存量法表示的是一个地块有植被与无植被状况相比较下减少的地表径流量，即自然生态系统与裸地（假想）相比较，其截留降水、涵养水分的能力。该方法原理较为简单，所需参数较少，通过降水、植被、土地覆被等长时间序列数据可适用于较大尺度生态系统水源涵养量的估算。

5.7.2　基础数据

研究区域为三江源地区重点生态功能区。

研究所使用的基础数据和产品如下：①2005～2014 年，MODIS L3/L4 MOD13A3 产品；②2005～2012 年降水量数据来源于中国科学院资源环境科学数据中心的全国 1km 网格月年降水数据集，2013～2014 年降水数据自行处理，数据均由全国 1915 个气象站点数据基于 DEM（digital elevation model，数字高程模型）插值处理得到；③三江源地区主体功能区规划图。

5.7.3　处理流程

水源涵养产品计算流程如图 5-9 所示。

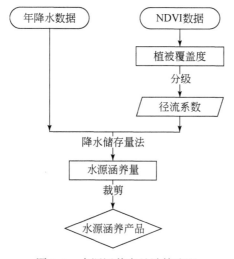

图 5-9　水源涵养产品计算流程

不同植被覆盖度下高寒草甸的降水产流特征参考李元寿等的研究结果[51]，植被覆盖度可由 MODIS 的 NDVI 产品计算得到，具体分级见表 5-15。

表 5-15　不同植被覆盖度对应径流系数分级表

植被覆盖度等级	植被覆盖度（%）	径流系数
1	0 ~ 10	0.28
2	10 ~ 25	0.25
3	25 ~ 50	0.15
4	50 ~ 70	0.05
5	70 ~ 100	0.015

植被覆盖度的计算公式为

$$F_V = （NDVI - NDVI_s） / （NDVI_v - NDVI_s）$$

式中，F_V 为植被覆盖度；$NDVI_v$ 和 $NDVI_s$ 分别为茂密植被覆盖和完全裸土像元的值。

本研究假定裸地降水径流系数为 0.28，且植被覆盖度低于 10% 也视为裸地。

5.7.4　精度评价

基于降水储存量法的林草生态系统水文调节量主要受降水量大小的影响，数值上会由于降水量的增大和减小而增大或减小，本产品的计算结果和国内外其他学者的研究结果大致相同，在空间格局上均表现同样的变化规律，表明计算结果可信。

1）张媛媛基于 InVEST 模型计算得到 2005 年三江源地区水源涵养量为 147.57 亿 m³，本研究该地区当年水源涵养量计算结果为 143.28 亿 m³[52]。本研究计算结果较张媛媛结果偏小 2.9%。

2）吴丹基于降水储存量法计算得到 2012 年三江源地区水源涵养量为 179.00 亿 m³，本研究该地区当年水源涵养量为 143.97 亿 m³[53]。本研究计算结果较吴丹结果偏小 19.6%。

5.8 防风固沙产品

5.8.1 概述

防风固沙功能是干旱、半干旱区生态系统服务中的重要服务功能之一。防风固沙是干旱、半干旱地区为了保持水土、防止沙尘暴等恶劣天气而进行的一种生态建设活动[54]。土壤风蚀是全球性的环境问题之一，在干旱、半干旱区严重威胁着人类生存与社会的可持续发展。当风经过地表时，会受到来自植被的阻挡，使得风力削弱、风蚀量降低，由植被作用引起的风蚀减小量定义为防风固沙功能量，由裸土条件下的潜在土壤风蚀量与地表覆盖植被条件下的现实土壤风蚀量的差值表示。目前 GIS 和 RS 技术的发展及其在生态领域的应用为防风固沙生态服务功能综合评估提供了技术与实时动态信息的支持。

本研究利用自行计算的气象因子、土壤可蚀性因子、土壤结皮因子、地表粗糙度因子以及植被因子等，定量计算了三江源地区（分区县与全区）2005～2014年土壤风蚀量和防风固沙功能量，以期为三江源地区生态环境保护提供支撑。

5.8.2 基础数据

研究所使用的基础数据和产品如下：①气象因子。风场强度因子、土壤湿度因子、雪盖因子、风速、降水量、灌溉量、潜热及潜在蒸发量等数据。气象数据来源于国家气象科学数据共享服务平台（http://data.cma.cn/）提供的国家台站数据。雪盖因子利用寒区旱区科学数据中心（http://westdc.westgis.ac.cn）提供的中国雪深长时间序列数据集进行计算，该数据集提供了 1978～2010 年的积雪厚度分布数据，时间分辨率为日，空间分辨率为 25 km。②土壤可蚀性因子。土壤粗砂含量、粉砂含量、黏粒含量、有机质含量等数据。③土壤结皮因子。土壤黏粒含量、有机质含量等数据。土壤黏粒含量、有机质含量等土壤数据来源于寒区旱区科学数据中心提供的 1∶100 万土壤图以及所附的土壤属性表。④地表粗糙度因子。数据来自中国 10km 地形图利用数据。⑤植被覆盖因子。⑥三江源地区主体功能区规划图。

5.8.3 处理流程

2005~2014 年防风固沙数据需要根据自然环境数据、地形数据、土地利用数据、土壤质地数据及气象资料综合处理得到，具体流程如图 5-10 所示。

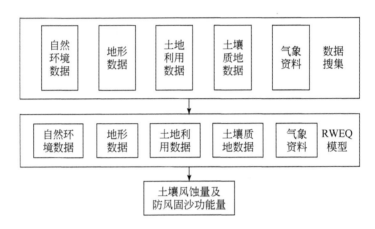

图 5-10　防风固沙技术路线图

研究中需要利用气候条件、植被覆盖状况、土壤可蚀性、土壤结皮、地表粗糙度等要素，来评估土壤风蚀量。其中气象因子中，需要对风场强度因子、土壤湿度因子、雪盖因子、风速、降水量、灌溉量、潜热及潜在蒸发量等因子进行数据搜集与处理。土壤可蚀性因子与土壤结皮因子需要土壤数据等。植被因子需要区域的土地利用数据。

5.8.4 精度评价/产品替代说明

基于 RWEQ（revised wind erosion equation model）模型对区域土壤风蚀量及防风固沙量进行计算测定，由于计算中需要多种因子，计算的结果会有些许的不同。总的来讲，不同模型方法所得的土壤风蚀模数差异较大，此外代表地的风蚀模数结果多由样点监测结果而得，文献中点状监测结果中经纬度信息缺乏，给风蚀模数的模拟精度验证带来困难。为此，为了保证模型所得结果的精确度，研究中利用具有监测点经纬度坐标信息的 ^{137}Cs 同位素法监测结果与模型估算结果进行比较。此外研究中还计算了京津风沙源的土壤风蚀模数，叠合京津风沙源治理亚区边界及 2000 年和 2005 年的土地利用类型图，根据高尚玉的风蚀方程估算的区域均值风蚀模数结果与模型同区域均值风蚀模数结果进行比较，研究结果大致相同，在空间格局上均表现同样的变化规律，表明计算结果可信[55]。

此外，防风固沙数据的生成是利用多种因子计算得来的，基本数据来源于自然环境数据、地形数据、土壤质地数据以及气象资料等，一些基本地理数据高分影像无法代替，但在进行诸如土壤侵蚀类型判断时，需要利用土地利用类型去除冰川、水体、裸岩砾石地等土地类型，需要利用 LULC 数据进行判别。

5.9　水土保持产品

5.9.1　概述

水土流失是指地表土壤及母质受外力作用发生的破坏、移动和堆积过程以及水土损失，包括水力侵蚀、风力侵蚀和冻融侵蚀等。水土资源是一切生物繁衍生息的根基，是生态安全的重要基础，由自然因素和人为开发建设活动引发的水土流失已经成为严峻的环境问题，严重制约一个地区的生态安全。

土壤侵蚀是水土流失的根本原因，通过计算土壤侵蚀量，可以了解研究区域内水土流失状况，为水土保持规划提出建议。但是传统的土壤侵蚀量调查方法耗时多、周期长，而且在表示单一地理区域的特征时存在缺陷。基于 GIS 和 RS 的土壤侵蚀量估算方法能快速、准确地获取土壤流失和土地退化方面的深加工信息，为土壤侵蚀量的计算提供了一条较好的途径。

运用通用水土流失方程（universal soil loss equation，USLE）估算三江源地区潜在土壤侵蚀量和现实土壤侵蚀量，两者之差即为三江源地区生态系统土壤保持量，潜在土壤保持量指生态系统在没有植被覆盖和水土保持措施情况下的土壤侵蚀量（$C=1$，$P=1$；C 为植被覆盖因子，P 为人为管理措施因子）。

5.9.2　基础数据

研究区域为三江源地区重点生态功能区。

研究所使用的基础数据和产品如下：①降水数据。2005～2012年降水量数据来源于中国科学院资源环境科学数据中心全国1km网格月年降水数据集，2013～2014年降水数据自行处理。数据均由全国1915个气象站点数据基于DEM插值处理得到。②DEM数据。使用SRTM DEM 90m分辨率的高程数据，数据来自地理空间数据云（http：//www.gscloud.cn/），对原始数据进行镶嵌、切割、投影、重采样等预处理操作。③土壤类型数据。来自中国科学院资源环境科学数据中心的中国土壤类型空间分布数据（http：//www.resdc.cn/data.aspx？DATAID=145）。④C值。由NDVI数据计算得到，NDVI数据来自MODIS L3/L4 MOD13A3产品。⑤P值。来自文献或专家咨询。

5.9.3 处理流程

土壤侵蚀量的计算主要是通过降水侵蚀力因子（R）、土壤可蚀性因子（K）、坡长坡度因子（LS）、植被覆盖因子（C）以及人为管理措施因子（P）通过USLE方程计算得到。其中空间降水侵蚀力因子需要通过空间化的降水数据计算得到，空间化的降水数据由ArcGIS软件中的克里格插值得到。植被覆盖因子主要是使用NDVI数据和LULC数据计算得到。NDVI数据使用MODIS L3/L4 MOD13A3产品替代，LULC数据由本研究自行研制得到。水土保持处理流程如图5-11所示。

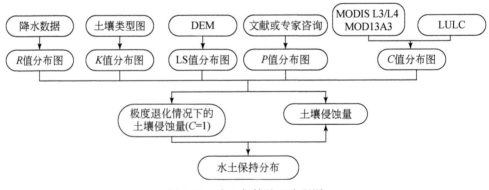

图5-11　水土保持处理流程图

5.9.4　精度评价/产品替代说明

USLE 是目前应用最广泛、具有较好实用性的土壤流失遥感定量模型，为大多数学者采用，如陆建忠等运用 USLE 方程计算表明鄱阳湖流域土壤侵蚀总量从 1990 年的 1.74 亿 t 增加到 2000 年的 1.85 亿 t，增长幅度达 6.3%[56]，盛莉等运用水土流失方程得到 2001 年全国土壤保持量为 284.26 亿 t[57]，刘敏超等利用该方程计算得到三江源地区土壤保持总量平均为 10.4 亿 t[58]，本研究得到该地区的土壤保持总量平均为 9.54 亿 t，两者相差不大。

第6章　规划实施评价专题产品研制流程

6.1　国土开发强度产品

6.1.1　概述

国土开发强度，是指一个区域内城镇、农村、工矿水利和交通道路等各类建设空间占该区域国土总面积的比例。国土开发强度是监测评价主体功能区规划实施成效的最基础、最核心的指标。

6.1.2　基础输入产品

2005 年、2010 年、2015 年土地利用与土地覆被（LULC）产品。

6.1.3　原理与算法

在中国科学院 1∶10 万 LULC 产品支持下，国土开发强度计算公式为

$$LDI = \frac{UR+RU+OT}{TO}$$

式中，LDI（land development intensity）为国土开发强度；UR（urban resident land area）为城镇居住用地面积；RU（rural resident land area）为农村居住用地面积；OT（other resident land area）为其他建设用地面积；TO（total land area）为区域总面积。

6.1.4　评价应用

从空间上看，燕山以南、太行山以东的广大平原地区，国土开发强度明显要

比燕山以北、太行山以西地区要高。特别是在京广铁路沿线、京津唐地区、环渤海滨海地区，国土开发强度较高，形成非常明显的都市连绵区。

从空间分布上看，中原经济区国土开发强度较高的区域主要分布在京广铁路沿线以东平原地区。在西北部的太行山、中条山地区，西部的伏牛山地区，以及南部的大别山地区，城乡建设用地明显较少，国土开发强度较弱。

6.2　国土开发聚集度产品

6.2.1　概述

国土开发聚集度，是衡量城乡建设用地空间聚块、连片程度的指标[37]。较高的国土开发聚集度，指示了本地区国土开发空间的高度集中、各区块独立性强的特点；较低的国土开发聚集度指示了本地区国土开发比较分散，建设地块在空间上不连续，建设地块之间存在较大空当。

6.2.2　基础输入产品

2005 年、2010 年、2015 年土地利用与土地覆被产品。

6.2.3　原理与算法

在传统的经济学、经济地理学中，关于聚集度的测度有多种算法，如首位度、区位商、赫芬达尔-赫希曼指数、空间基尼系数、EG（Elilsion and Glaesev）指数等。但是这些指标算法都是基于统计数据而来的，难以空间化展示和分析。为此，本研究在 GIS 技术支持下，开发了空间化的国土开发聚集度指标算法模型。

公里网格建设用地面积占比指数（JSZS）：首先计算公里网格上的建设用地比重，其次应用如下的卷积模板对空间栅格数据进行卷积运算，最后计算得到公里网格建设用地面积占比指数。

$$JSZS = JSZB \times \boldsymbol{W}$$

$$W = \begin{vmatrix} 0.25 & 0.5 & 0.25 \\ 0.5 & 1 & 0.5 \\ 0.25 & 0.5 & 0.25 \end{vmatrix}$$

式中，JSZS 为 3×3 网格中心格点的公里网格建设用地面积占比指数；JSZB 为格点建设用地面积占比。

地域单元国土开发聚集度（JJD）：首先计算公里网格上的建设用地面积占比，其次应用如下公式计算目标地域单元国土开发聚集度

$$JJD_{i,j} = SDCL \times 0.4 + CLTP \times 0.6$$

式中，JJD 为地域单元国土开发聚集度；SDCL 为网格 i，j 及八邻域内网格建成区面积不为 0 的网格内建成区面积的标准差；CLTP 为建成区面积为 0 的网格数与总网格数的比值。

6.2.4 评价应用

北京市、天津市、唐山市以及石家庄市等地区国土开发聚集度明显最高。2005～2015 年的 10 年中，京津冀地区国土开发聚集度总体呈现下降趋势。京津冀地区总体聚集度由 2005 年的 0.478 下降到 2015 年的 0.412。这表明本地区国土开发活动总体上呈现"离散化"，国土开发聚集度有所下降。

中原经济区各地级市的市辖区等区域国土开发聚集度明显较高，2005～2015 年的 10 年中，中原经济区国土开发聚集度总体呈现下降趋势，区域国土开发聚集度由 2005 年的 0.409 下降到 2015 年的 0.374。区域国土开发聚集度的下降表明，本区国土开发活动总体上是以"蛙跳式"方式发展，这种"蛙跳式"发展模式明显体现在中原经济区西部（山西省运城市、晋城市、长治市及河南省洛阳市等）以及河南省南部（河南省平顶山市、信阳市）。

6.3 国土开发均衡度产品

6.3.1 概述

国土开发均衡度，是指一个地区传统远郊区县国土开发速率与该地区传统中

心城区国土开发速率的比值[38]。国土开发均衡度越大，表明新增国土开发活动越偏向于远郊区县；国土开发均衡度越小，表明新增国土开发活动越偏向于传统中心城区。

6.3.2　基础输入产品

2005 年、2010 年、2015 年土地利用与土地覆被产品。

6.3.3　原理与算法

国土开发均衡度计算公式为

$$JHD = \frac{NCUCSR}{UCSR}$$

$$NCUCSR_{05\sim10} = \frac{NCUCLR_{10} - NCUCLR_{05}}{NCUCLR_{05}}$$

$$UCSR_{10\sim15} = \frac{UCLR_{15} - UCLR_{10}}{UCLR_{10}}$$

式中，JHD 为国土开发均衡度；NCUCSR（non-center urban construction spread rate）为区域内远郊区县建设用地扩展率；UCSR（urban construction spread rate）为区域内传统中心城区建设用地扩展率；$NCUCSR_{05\sim10}$（non-center urban construction spread rate）为远郊区县 2005~2010 年建设用地扩展率；$UCSR_{10\sim15}$（urban construction spread rate）为传统中心城区 2010~2015 年建设用地扩展率；$NCUCLR_n$（non-center urban construction land area）和 $UCLR_n$（urban construction land area）分别为特定年份（2005 年、2010 年和 2015 年）远郊区县和传统中心城区的城乡建设用地面积。

6.3.4　评价应用

2005~2010 年，京津冀地区大部分地市国土开发活动以传统中心城区开发为重点，国土开发均衡度小于 1 的地区有沧州市、衡水市、承德市、邢台市、张家口市、石家庄市 6 个城市，这些地区面积占京津冀地区全区面积一半以上。同时，以远郊区县为开发重点的地区有唐山市、秦皇岛市等城市，尤其是唐山市的国土开发均衡度最大。

2010～2015 年，京津冀地区大部分地市国土开发活动普遍转向远郊区县，国土开发均衡度大于 1 的地区有北京市、邯郸市、秦皇岛市、邢台市、承德市、石家庄市、张家口市 7 个城市，这些地区面积占京津冀地区全区面积的一半以上；其中，北京市国土开发均衡度最大，为 4.28。继续以传统中心城区为开发重点（即国土开发均衡度小于 1）的地区有唐山市、保定市、衡水市、沧州市、廊坊市、天津市 6 个城市，但其国土总面积已经小于京津冀地区全区面积的一半。

2005～2010 年，中原经济区大部分地市国土开发活动以传统中心城区开发为重点，国土开发均衡度小于 1 的地区有平顶山市、聊城市、洛阳市、焦作市、菏泽市、濮阳市、新乡市、亳州市、宿州市、淮北市、阜阳市、驻马店市、商丘市、运城市、信阳市、蚌埠市 16 个城市，这些地区面积占中原经济区全区面积的一半以上。同时，以远郊区县为开发重点的地区有南阳市、鹤壁市等城市，尤其是南阳市的国土开发均衡度最大，达到 12.86。

2010～2015 年，中原经济区大部分地市国土开发活动普遍转向远郊区县，国土开发均衡度大于 1 的地区有平顶山市、商丘市、邯郸市、洛阳市、新乡市、邢台市、信阳市、焦作市、长治市等 13 个城市，这些地区面积占中原经济区全区面积的近一半；其中，平顶山市国土开发均衡度最大，为 3.06。继续以传统中心城区为开发重点（即国土开发均衡度小于 1）的地区有聊城市、郑州市、鹤壁市、阜阳市、宿州市、濮阳市等 16 个城市。

6.4 城市绿被率产品

6.4.1 概述

城市绿被覆盖是指乔木、灌木、草坪等所有植被的垂直投影面积，包括屋顶绿化植物的垂直投影面积以及零星树木的垂直投影面积，乔木树冠下的灌木和草本植物不能重复计算。城市绿被率，则是指区域内各类绿被覆盖垂直投影面积之和占该区域总面积的比率。

6.4.2 基础输入产品

2005 年、2010 年、2015 年京津冀地区、中原经济区城市绿被覆盖产品。

6.4.3　原理与算法

城市绿被覆盖信息的获取是基于卫星遥感影像实现的专题信息提取。专题信息提取的技术路线可以参见指标产品研制相关介绍。

城市绿被率的计算方法为

$$UGR = \frac{GPA}{TOT} \times 100\%$$

式中，UGR（urban green-coverage ratio）为城市绿被率；GPA（green-coverage projection area）为城市绿被面积；TOT（total area）为城市区域总面积。

6.4.4　评价应用

2005 ~ 2015 年，京津冀地区城市绿被率总体呈现上升态势。其中，京津冀地区中部、东部（即北京—廊坊—天津一线区县、环渤海区县）城市绿被率增加态势明显。城市绿被率增加的地区主要集中在北京市、天津市、沧州市、唐山市等城市；城市绿被率减少的地区主要集中在河北省的衡水市、承德市、廊坊市、张家口市等城市。

2005 ~ 2015 年，中原经济区城市绿被率整体上呈现增加的趋势，其中晋城市、商丘市、许昌市、洛阳市、南阳市等地区城市绿被率降低明显；而宿州市、运城市、周口市、三门峡市等地区城市绿被率上升较快。

6.5　城市绿化均匀度产品

6.5.1　概述

城市绿被的生态服务和社会休闲服务能力不仅依赖于绿地面积的总量，更与绿地的空间配置直接相关。长期以来，我国一直以城市绿被面积、城市绿被率、人均绿被面积等简单的比率指标来指导城市绿被系统建设，忽视空间布局上的合理性，极大地削弱了城市绿被为城市居民提供休闲服务、城市绿被为城市生态系统提供水热调节功能的能力。为此，基于 GIS 分析方法研发了城市绿化均匀度指标。

6.5.2 基础输入产品

2005 年、2010 年、2015 年京津冀地区、中原经济区城市绿被覆盖产品。

6.5.3 原理与算法

城市绿化均匀度，可以通过标准化最邻近点指数（nearest neighbor indicator，NNI）来衡量。具体算法为

$$I = \frac{R}{2.15}$$

式中，I 为城市绿化均匀度；R 为最邻近指数。由于 R 的取值在 $0 \sim 2.15$（越靠近 0 表示越高度集聚，越靠近 2.15 表示越均匀分布），因此，对 R 进行标准化后，城市绿化均匀度的值域变为 [0, 1]。

最邻近点指数 R 的计算公式为

$$R = 2\, D_{ave} \sqrt{\frac{N}{A}}$$

式中，D_{ave} 为每一点与其最邻近点的距离算数平均；A 为片区总面积；N 为抽象点个数。D_{ave} 和 R 可以利用空间分析工具 Average Nearest Neighbor 计算得到。

6.5.4 评价应用

京津冀地区各区（县、市）城市绿化均匀度在空间分布上没有特别的规律，总体呈现出在北京—天津沿线区（县、市）以及河北省东南部相关地区较高，而在其他地区，特别是京津冀地区西北部各区（县、市）较低。

中原经济区各区（县、市）城市绿化均匀度空间分布格局规律不是太显著。其中 2015 年，许昌市、聊城市、郑州市、鹤壁市、平顶山市、邢台市、邯郸市、漯河市、周口市、淮北市、焦作市、三门峡市、濮阳市、新乡市等城市绿化均匀度较高，各城市绿化均匀度均在 0.6 之上。而运城市、南阳市、信阳市、亳州市、商丘市、菏泽市、蚌埠市等城市绿化均匀度较低，均在 0.57 以下。

6.6　城市热岛产品

6.6.1　概述

城市热岛，是指城市因大量的人工发热、建筑物和道路等高蓄热体及绿地减少等因素，造成城市中的气温明显高于外围郊区的现象。

6.6.2　基础输入产品

2005 年、2010 年、2015 年北京市、天津市、石家庄市、郑州市、开封市地表温度产品。

6.6.3　原理与算法

城市热岛采用叶彩华提出的地表热岛强度指数（urban heat island intensity index，UHII）的计算方法来估算城市地表热岛强度[59]，公式为

$$\text{UHII}_i = T_i - \frac{1}{n} \sum^n T_{\text{crop}}$$

式中，UHII_i 为影像上第 i 个像元所对应的城市热岛强度；T_i 为地表温度；n 为郊区农田内的有效像元数；T_{crop} 为郊区农田内的地表温度。

6.6.4　评价应用

2005 ~ 2015 年，北京市无热岛、弱热岛的面积均在减少，而中热岛、强热岛和极强热岛的面积则在增加。其中极强热岛区域增幅最小（增加 0.02%），无热岛区域变化幅度最大（减少 6.16%）。极强热岛区域进一步向四个方向扩展，特别是有大幅度的向东、东南、东北方向扩展的态势。同时，传统中心城区（东城区、西城区、朝阳区、海淀区）强热岛区域与传统远郊区（昌平区、顺义区、通州区、大兴区）强热岛区域存在连片趋势，周边远郊区出现分散型弱热岛。

6.7　耕地面积产品

6.7.1　概述

耕地是指专门种植农作物并经常进行耕种、能够正常收获的土地。一般可以分为水田和旱地两种类型。

6.7.2　基础输入产品

2005 年、2010 年、2015 年土地利用与土地覆被产品。

6.7.3　原理与算法

在 LULC 产品支持下，耕地面积计算公式为

$$CA = PA + DA$$

式中，CA（cultivation area）为耕地总面积；PA（paddy area）为水田面积；DA（dryland area）为旱地面积。

6.7.4　评价应用

2015 年，京津冀地区全区耕地总面积为 101 078.1 km²。与 2005 年（108 133.3 km²）相比，全区耕地面积减少 7055.2 km²，即减少了 6.5%。其中：北京市 2015 年耕地总面积为 3558.9 km²，与 2005 年（4533.4 km²）相比，全市耕地面积减少 974.5 km²，即减少了 21.5%。天津市 2015 年耕地总面积为 6604.9 km²，与 2005 年（6819.6 km²）相比，全市耕地面积减少 214.7 km²，即减少了 3.1%。河北省 2015 年耕地总面积为 90 914.2 km²，与 2005 年（96 780.3 km²）相比，全省耕地面积减少 5866.1 km²，即减少了 6.1%。

6.8 农田生产力产品

6.8.1 概述

以 LULC 数据 "耕地类型" 中的农田为掩模，利用掩模分析得到的 NPP 即为农田 NPP，它是度量作物产量最基础、最核心的产品。农田 NPP 产品是根据农田 NPP 高低，结合地方实际情况确定的农田高、中、低产田的空间范围。中、低产田是指目前的产出水平远未达到所处的自然和社会经济条件下应有的生产能力，具有较大增产潜力的耕地；高产田是指不存在或较少存在制约农业生产的限制因素，生产能力较高的耕地。

6.8.2 基础输入产品

2005 年、2010 年、2015 年中原经济区农田生产力产品（农田 NPP）。

6.8.3 原理与算法

根据不同作物的收获部分的含水量和收获指数（经济产量与作物地上部分干重的比值），农业统计数据的产量与植被碳储量存在一定转换关系，则 NPP 与农作物产量之间转换关系为

$$NPP = \frac{Y \times (1 - MC_i) \times 0.45}{HI \times 0.9}$$

式中，Y 为单位面积农作物的产量（g/m²）；MC_i 为作物收获部分的含水量（%）；HI 为作物的收获指数；0.9 为作物收获指数的调整系数；0.45 为将 NPP 转换为植物地上生物量碳的转换系数。

根据全国高产田、中产田、低产田粮食单产指标进行换算，得到高、中、低产田农田 NPP 划分标准值。

对耕地进行高、中、低产田划分的依据实质上是按照平均分配原则将耕地分为三类，鉴于农田 NPP 包含一个主要的正态分布，定义正态分布前后两个拐点对应的 NPP 值为分界值，分别为 NPP_a 和 NPP_b（$NPP_a < NPP_b$），定义 NPP_{dif} 为

NPP_a 与 NPP_b 的差值。

$$低产田上限标准 = NPP_a + NPP_{dif} \times 30\%$$

$$高产田下限标准 = NPP_b - NPP_{dif} \times 35\%$$

从规划标准指标和遥感数据本身特性两个角度出发，综合确定研究区农田生产力（即农田 NPP）划分高、中、低产田的标准值。

6.8.4 评价应用

中原经济区高产田主要分布在东部地区，农产品主产区内较多。中、低产田相对较多，主要分布在中原经济区西部，在北部和大别山南部区域均有中、低产田分布。2015 年，中原经济区高产田面积为 55 069 km²，中产田面积为 76 915 km²，低产田面积为 50 262 km²。2005 ~ 2015 年，三类农田面积的变化趋势是低产田略有增加；中产田逐渐减少；高产田逐渐增加。其中高产田增加 22 816 km²，中产田减少 33 270 km²，低产田增加 1669km²。

6.9 优良生态系统产品

6.9.1 概述

优良生态系统，是指有利于生态系统结构保持稳定，有利于生态系统发挥水源涵养、水土保持、防风固沙、水热调节等重要生态服务功能的自然生态系统类型。

6.9.2 基础输入产品

2005 年、2010 年、2015 年土地利用与土地覆被产品。

6.9.3 原理与算法

优良生态系统面积的计算公式为

$$YLArea = Area \left(DL_{21} + DL_{22} + DL_{31} + DL_{32} + DL_{42} + DL_{43} + DL_{46} + DL_{64} \right)$$

式中，YLArea 为优良生态系统类型总面积；Area 为各优良生态系统类型的面积；

$DL_{21} \sim DL_{64}$ 分别为 LULC 产品中不同地类代码，见表 6-1。

表 6-1 优良生态系统土地利用与土地覆被地类代码

代码	名称	含义
21	有林地	指郁闭度>30%的天然林和人工林，包括用材林、经济林、防护林等成片林地
22	灌木林	指郁闭度>40%、高度在2m以下的矮林地和灌丛林地
31	高覆盖度草地	指覆盖度>50%的天然草地、改良草地和割草地，此类草地一般水分条件较好，草被生长茂密
32	中覆盖度草地	指覆盖度为20%~50%的天然草地和改良草地，此类草地一般水分不足，草被较稀疏
42	湖泊	指天然形成的积水区常年水位以下的土地
43	水库坑塘	指人工修建的蓄水区常年水位以下的土地
46	滩地	指河、湖水域平水期水位与洪水期水位之间的土地
64	沼泽地	指地势平坦低洼、排水不畅、长期潮湿、季节性积水或常年积水、表层生长湿生植物的土地

考虑到研究区面积不等，除了使用优良生态系统的绝对面积外，使用优良生态系统指数（即优良生态系统面积占比）来评价区域生态环境总体质量是一个更加重要、客观的指标。其公式为

$$YLZS = \frac{YLArea}{Area}$$

式中，YLZS 为优良生态系统指数，即优良生态系统面积占比；YLArea 为优良生态系统区域面积；Area 为区域总面积。

6.9.4 评价应用

从空间分布上看，京津冀地区优良生态系统用地主要分布在燕山以北、太行山以西的山脉及高原地区；在燕山山脉以南、太行山山脉以东的平原地区，优良生态系统用地分布明显减少；在环渤海滨海等区域也分布有部分优良生态系统。三省（直辖市）优良生态系统面积占比从大到小依次是北京市（44.6%）、河北省（36.4%）、天津市（13.1%）。2005~2015 年，京津冀地区全区优良生态系统面积呈现减少态势，从 2005 年的 78 835 km^2 减少到 2015 年的 77 104 km^2，共减少

$1732\ km^2$，10年内年平均减少量为 0.22%。

6.10 人类扰动指数产品

6.10.1 概述

在禁止开发区和重点生态功能区，对生态系统原真性的维护是主体功能区规划的重要目标之一。在这些地区，要求有较低的人类扰动。然而从卫星遥感的角度，直接检测人类活动存在极大困难，但是可以从土地利用与土地覆被类型的角度，对人类扰动能力和强度予以评价。

6.10.2 基础输入产品

2005年、2010年、2015年土地利用与土地覆被产品。

6.10.3 原理与算法

从土地利用与土地覆被类型研究角度看，人类对各种类型土地的利用程度不同。对于未利用或难利用的生态系统，人类的干扰程度较低；对于农田生态系统、城乡聚落生态系统，人类的干扰程度较高。区域上人类扰动的强度就是上述各种土地类型的综合表现。

因此，首先根据不同的土地利用与土地覆被类型，对其扰动能力予以赋值（表6-2）。

表6-2 生态系统人类扰动指数分级表

类型	自然未利用	自然再生利用	自然非再生利用	人为非再生利用
生态系统类型（代码）	盐碱地（63）、沼泽地（64）	林地（2）、草地（3）、水域（4）[不包括永久性冰川雪地（44）]	水田（11）、旱地（12）	城镇（51）、居民点（52）、其他建设用地（53）等类型
扰动分级指数	0	1	2	3

对于某一区域来说，往往有多种扰动级别指数的生态系统类型存在，各自占有不同比例，不同扰动类型按其面积权重（所占比例）做出自己的贡献。因此，通过加权求和，可以形成一个 0 ~ 1 分布的生态系统综合人类扰动指数，计算方法为

$$D = (\sum_{i=0}^{3} A_i \times P_i) / 3 / \sum_{i=1}^{n} P_i$$

式中，A_i 为第 i 级生态系统人类扰动程度分级指数；P_i 为第 i 级生态系统人类扰动程度分级面积所占比例；D 为生态系统综合人类扰动指数，范围为 0 ~ 1。

6.10.4 评价应用

三江源地区东部及中南部等部分地区人类扰动指数明显较大，而在西部、西北部等部分地区人类扰动指数较小。2005 ~ 2015 年三江源地区人类扰动指数呈现递增趋势，从 2005 年的 0.253 增加至 2015 年的 0.269。从公里网格上的人类扰动指数变化状况上看，三江源地区中部地区，包括称多县、曲麻莱县、玛多县、兴海县、同德县等地区，出现了较为明显的人类扰动指数增加斑块；而在格尔木市唐古拉山镇、玉树县、治多县、久治县、甘德县等地方，则出现了较为明显的人类扰动指数下降斑块。

第7章　规划辅助决策专题产品研制流程

7.1　国土开发严格调控区域遴选产品

7.1.1　概述

严格调控区域遴选，是指在区（县、市）和网格尺度上，选择国土开发强度过高、国土开发布局凌乱、人口聚集规模过大的区域；在这些区域需要严格控制新增国土开发活动，妥善优化建设布局，适当疏解密集人口。

7.1.2　基础输入产品

土地利用与土地覆被产品、人口统计数据。

7.1.3　遴选流程

遴选流程如图7-1所示。

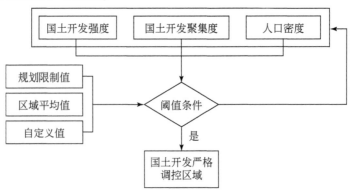

图7-1　国土开发严格调控区域遴选流程图

7.1.4　决策支持

北京市严格调控网格面积约为 14 351 km²，占全市面积的 87.9%；天津市严格调控网格面积约为 9722 km²，占全市面积的 83.6%；河北省严格调控网格面积约为 174 065 km²，占全省面积的 92.7%；中原经济区需要严格调控的面积约为 208 978km²，占全区面积的 71.8%。

7.2　国土开发推荐开发区域遴选产品

7.2.1　概述

推荐开发区域遴选，是指在区（县、市）和网格尺度上，选择既不属于农产品主产区，也不属于重点生态功能区、禁止开发区的区域，同时国土开发强度尚未超过主体功能区规划 2020 年规划目标或给定阈值的区域；这些区域可以作为未来较大规模国土开发的潜在区域，开展满足规划要求的国土开发活动。

7.2.2　基础输入产品

土地利用与土地覆被产品、主体功能区规划矢量数据。

7.2.3　遴选流程

遴选流程如下（图 7-2）。

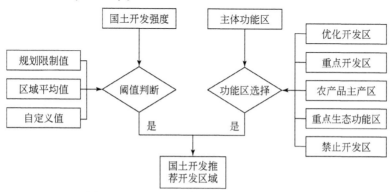

图 7-2　国土开发推荐开发区域遴选流程图

7.2.4　决策支持

北京市国土开发推荐开发区域面积极其少，约为 75 km²；零星分布于延庆、海淀和石景山三个地区。天津市国土开发推荐开发网格面积约为 1850 km²，占全市面积的 15.9%，主要分布于宝坻区、静海区以及滨海新区的南部；在武清区、宁河区、北辰区、西青区等地也有极少量网格分布。河北省国土开发推荐开发网格面积约为 9600 km²，占全市面积的 5.11%；主要分布于河北省北部的张家口市、承德市以及东部沿海的秦皇岛市、唐山市、沧州市；在石家庄市、衡水市、廊坊市等地区也有极少量零星网格分布。

7.3　高产优质农田建设网格遴选产品

7.3.1　概述

高产优质农田建设网格遴选的目的是，综合考虑农田生产力及灌溉、地形、连片性等要素，选择出农田生产力为中、高产田，并且灌溉便利、连片性较好、地形平坦的区域，可以作为高产优质农田，为高标准农田的建设提供科学依据。

7.3.2　基础输入产品

农田生产力产品、基础地理数据、数字高程地形数据。

7.3.3　遴选流程

遴选流程如下（图7-3）。

7.3.4　决策支持

中原经济区内适宜进行高产优质农田建设的网格面积为 63 917.5 km²，占全部农田总面积的 35.07%。其中，农产品主产区内适宜进行高产优质农田建设的

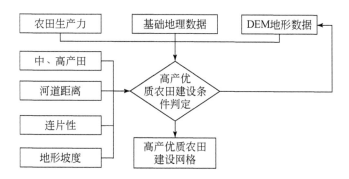

图 7-3　高产优质农田建设网格遴选流程图

网格面积为 46 374.25 km², 约占主体功能区农田总面积的 39.9%；重点开发区内高产优质农田建设网格面积为 14 321.75 km², 约占主体功能区农田总面积的 29.5%；重点生态功能区内高产优质农田建设网格面积最少, 为 3221.5 km², 约占主体功能区农田总面积的 18.3%。

7.4　人居环境改善网格遴选产品

7.4.1　概述

人居环境改善网格遴选的目的是, 综合考虑城市内部公共绿被覆盖水平、服务能力以及城市热环境等因子, 提出未来城市管理中需要重点规划和完善建设的格点。在这些格点上, 需要通过增加绿植空间、优化绿植布局、改善建筑物热物理性能等举措, 提高城市为居民生活和休憩服务的能力及水平。

7.4.2　基础输入产品

城市绿被覆盖产品、地表温度产品。

7.4.3 遴选流程

遴选流程如下（图7-4）。

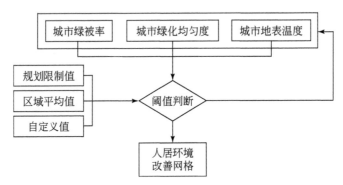

图7-4　人居环境改善网格遴选流程图

7.4.4 决策支持

北京市人居环境亟待改善面积约为 717.73 km²，占主城区面积的 51.4%，主要分布于四环内。郑州市人居环境亟待改善的面积约为 237.4km²，占全市建成区面积的 55.53%，待改善网格主要集中分布于省道内环，及中原区连片区域也有各区零星分布。

7.5　生态治理重点区域遴选产品

7.5.1 概述

生态治理重点区域遴选是根据 NPP、NDVI、水源涵养功能、水土保持功能、防风固沙功能和载畜压力指数六项指标，根据各指标的区域均值或特定阈值，在区（县、市）和网格尺度上遴选出某地区需要进行重点生态治理的区域。

7.5.2 基础输入产品

植被绿度产品、载畜压力产品、水源涵养产品、防风固沙产品、水土保持产品。

7.5.3 遴选流程

遴选流程如下（图 7-5）。

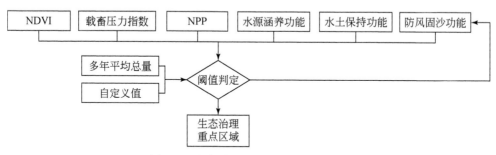

图 7-5 生态治理重点区域遴选流程图

7.5.4 决策支持

三江源地区需要进行生态治理和保护的地区主要集中在果洛藏族自治州，在该地区出现的情况是多年 NPP 或 NDVI 呈现下降的趋势，或水源涵养能力、水土保持能力和防风固沙能力低于多年平均值的特定水平，因此要注意生态系统的保护，提高生态服务功能；需要降低草地载畜压力的地区主要集中在玉树藏族自治州，主要表现为草地现实载畜量远大于理论载畜量，草地畜牧处于超载状况，因此在以后应注意控制畜牧量，注重草地恢复；同时需要注重生态治理和降畜减压的地区是玉树县、称多县、兴海县、同德县、泽库县、河南蒙古族自治县 6 个地区，这些地区生态质量较差同时草地畜牧处于超载的状态，在治理和保护生态的同时还应减少畜牧量。

第8章 总 结

2010 年,《全国主体功能区规划》作为国发〔2010〕46 号文件得到国务院正式批复,标志着国家主体功能区战略从此正式步入实施阶段。在主体功能区规划实施阶段,对国家主体功能区规划实施开展监测和评估是落实主体功能区规划、调控主体功能区规划实施运行的基本途径;对不同类型主体功能区开展规划实施评价和辅助决策研究与能力建设,已经成为主体功能区研究和业务工作的主要内容。

本书首先回顾了全国和省级主体功能区规划以及区划指标体系的遴选、构建过程,研究了国务院发展研究中心、中国科学院地理科学与资源研究所、国家发展和改革委员会宏观经济研究院、华中师范大学等国内多个权威团队开展的主体功能区规划实施评价研究案例,对比分析了不同指标体系方案的特点。

在国内外文献调研和对比分析的基础上,本书提出了高分遥感主体功能区规划实施评价与辅助决策指标体系的总体设计原则和基本评价目标,设计了高分遥感主体功能区规划评价与辅助决策指标(专题产品)体系的系统框架,提出了从国土开发、城市环境、耕地保护、生态环境质量、生态服务功能、辅助决策六大方面,由 22 个典型指标要素形成的指标体系;并进一步结合高分遥感数据特点,并利用其他多源多尺度数据,对指标体系的数据支撑能力开展了分析。

本书对上述包括六大方面、22 个指标元素的高分遥感主体功能区规划实施评价与辅助决策指标体系的应用流程进行了描述,实现了对不同类型主体功能区的针对性评价和辅助决策支持;对 9 个基础专题产品、22 个规划实施评价与辅助决策指标(专题产品)的具体研制流程进行了分析,对各个指标元素的概念内涵、原理方法、基础数据、处理流程、精度评价、产品替代情况、实际应用情况等进行了详细阐述。

　　总而言之，本书完成了研究设立的明确的研究目标、研究内容。指标体系（专题产品）目标明确、组织合理、实践可行。研究内容为后续的指标模型研究、软件模块研发、案例区示范应用等工作奠定了基础。

参 考 文 献

［1］刘云中 . 国外的经验与启示 . 人民论坛，2008，（03）：22-23.

［2］崔功豪 . 中国区域规划的新特点和发展趋势 . 城市规划，2006，（09）：4-7.

［3］Schmidt S，Buehler R. The planning process in the US and Germany：a comparative analy-sis. International Planning Studies，2007，12（01）：55-75.

［4］Caves J B C R. Planing in the USA：Polices，Issues，and Processes. New York：Routledge，1997.

［5］高国力 . 美国区域和城市规划及管理的做法和对我国开展主体功能区划的启示 . 中国发展观察，2006，（11）：52-54.

［6］Marshall T. Regions，economies and planning in England after the sub-national review. Local Economy，2008，23（2）：99-106.

［7］Abe H，Alden J D. Regional development planning in Japan. Regional Studies，1988，22（5）：429-438.

［8］陆大道，樊杰 . 中国的区域发展 . 北京：科学出版社，2009.

［9］Fan J，Li P. The scientific foundation of Major Function Oriented Zoning in China. Journal of GeographicalSciences，2009，19（5）：515-531.

［10］刘纪远，刘文超，匡文慧，等 . 基于主体功能区规划的中国城乡建设用地扩张时空特征遥感分析 . 地理学报，2016，71（03）：355-369.

［11］刘洋 . 优化国土空间开发格局思路研究 . 宏观经济管理，2011，（03）：19-23.

［12］樊杰 . 中国主体功能区划方案 . 地理学报，2015，70（02）：186-201.

［13］赵永江，董建国，张莉 . 主体功能区规划指标体系研究——以河南省为例 . 地域研究与开发，2007，（06）：39-42.

［14］程克群，方政，丁爱武 . 安徽省主体功能区的评价指标设计 . 统计与决策，2010，（06）：78-81.

［15］王传胜，朱珊珊，樊杰，等 . 主体功能区规划监管与评估的指标及其数据需求 . 地理科学进展，2012，31（12）：1678-1684.

［16］李军，胡云锋，任旺兵，等 . 国家主体功能区空间型监测评价指标体系 . 地理研究，2013，32（01）：123-132.

［17］樊杰 . 我国主体功能区划的科学基础 . 地理学报，2007，（04）：339-350.

［18］盛科荣，樊杰 . 主体功能区作为国土开发的基础制度作用 . 中国科学院院刊，2016，31（01）：44-50.

[19] 樊杰．主体功能区战略与优化国土空间开发格局．中国科学院院刊，2013，28（2）：193-206.

[20] 郑彦龙，江辉仙，刘文霞．基于高分遥感影像的城市精细土地分类研究．福建师范大学学报（自然科学版），2017，33（06）：60-68.

[21] 陈业培，孙开敏，白婷，等．高分二号影像融合方法质量评价．测绘科学，2017，42（11）：35-40.

[22] 程乾，陈金凤．基于高分1号杭州湾南岸滨海陆地土地覆盖信息提取方法研究．自然资源学报，2015，30（02）：350-360.

[23] 李军，任旺兵．国家主体功能区规划实施的几个关键问题．经济研究导刊，2011，27：240-243.

[24] Chen W，Sun W，Duan X J，et al. Regionalization of regional potential development in Suzhou City. Acta Geographica Sinica，2006，61（8）：839-846.

[25] 万纤，余瑞林，余晓敏，等．基于地理国情普查的主体功能区规划实施监测与评估研究．长江流域资源与环境，2015，24（03）：358-363.

[26] 金树颖，孙宁，赵晓玲．东北主体功能区绩效评价体系的构建．沈阳航空工业学院学报，2009，26（06）：1-4.

[27] 王志国．关于构建中部地区国家主体功能区绩效分类考核体系的设想．江西社会科学，2012，32（07）：65-71.

[28] 黄海楠．基于主体功能区规划的政府绩效评估体系研究．西安：西安建筑科技大学硕士学位论文，2010.

[29] 黄海楠．陕西省主体功能区政府绩效评价研究．价值工程，2010，29（10）：114-115.

[30] 赵景华，李宇环．国家主体功能区整体绩效评价模式研究．中国行政管理，2012，（12）：20-24.

[31] 王茹，孟雪．主体功能区绩效评价的原则和指标体系．福建论坛（人文社会科学版），2012，（09）：40-45.

[32] 杨清可，段学军，李平星，等．江苏省土地开发度与利用效益的空间特征及协调分析．地理科学，2017，37（11）：1696-1704.

[33] 杨伟民．北京上海开发强度超东京伦敦约一倍．中国经济导报，BO1，2012-03-31.

[34] 陈逸，黄贤金，吴绍华．快速城镇化背景下的土地开发度研究综述．现代城市研究，2013，28（07）：9-15.

[35] 贾克敬，张辉，徐小黎，等．面向空间开发利用的土地资源承载力评价技术．地理科学进展，2017，36（03）：335-341.

［36］邓文英，邓玲．生态文明建设背景下优化国土空间开发研究——基于空间均衡模型．经济问题探索，2015，（10）：68-74.

［37］冯治宇．城市人居环境评价指标体系的构建．环境与发展，2017，29（05）：22，24.

［38］李新宇，郭佳，许蕊，等．基于多因子层次覆盖模型的城市公共绿地服务功能等级评价——以北京市规划市区内公共绿地为例．科学技术与工程，2010，10（32）：7980-7983.

［39］周伟，袁春，白中科，等．基于 QuickBird 影像的郑州市城区景观格局评价．生态学杂志，2007，（08）：1259-1264.

［40］徐新良，庄大方，张树文，等．运用 RS 和 GIS 技术进行城市绿地覆盖调查．国土资源遥感，2001，（02）：28-32，63.

［41］袁振，吴相利，臧淑英，等．基于 TM 影像的哈尔滨市主城区绿地降温作用研究．地理科学，2017，37（10）：1600-1608.

［42］王耀斌，赵永华，韩磊，等．西安市景观格局与城市热岛效应的耦合关系．应用生态学报，2017，28（08）：2621-2628.

［43］曹畅，李旭辉，张弥，等．中国城市热岛时空特征及其影响因子的分析．环境科学，2017，38（10）：3987-3997.

［44］李航，李雪铭，田深圳，等．城市人居环境的时空分异特征及其机制研究——以辽宁省为例．地理研究，2017，36（07）：1323-1338.

［45］尚二萍，许尔琪．黔桂喀斯特山地主要生态系统服务时空变化．资源科学，2017，39（10）：2000-2015.

［46］于泉洲，梁春玲，刘煜杰，等．基于 MODIS 的山东省植被覆盖时空变化及其原因分析．生态环境学报，2015，24（11）：1799-1807.

［47］Zhang L，Guo H，Wang C，et al. The long-term trends（1982—2006）in vegetation greenness of the alpine ecosystem in the Qinghai-Tibetan Plateau. Environmental Earth Sciences，2014，72（6）：1827-1841.

［48］赵国松，刘纪远，匡文慧，等．1990—2010 年中国土地利用变化对生物多样性保护重点区域的扰动．地理学报，2014，69（11）：1640-1650.

［49］樊江文，邵全琴，王军邦，等．三江源草地载畜压力时空动态分析．中国草地学报，2011，33（03）：64-72.

［50］吴丹，邵全琴，刘纪远，等．三江源地区林草生态系统水源涵养服务评估．水土保持通报，2016，36（03）：206-210.

［51］李元寿，王根绪，王一博，等．长江黄河源区覆被变化下降水的产流产沙效应研究．水

科学进展，2006，（05）：616-623.

［52］张媛媛 . 1980—2005 年三江源区水源涵养生态系统服务功能评估分析 . 北京：首都师范
大学硕士论文，2012.

［53］吴丹 . 中国主要陆地生态系统水源涵养服务研究 . 北京：中国科学院大学，2014.

［54］吴丹，巩国丽，邵全琴，等 . 京津风沙源治理工程生态效应评估 . 干旱区资源与环境，
2016，30（11）：117-123.

［55］高尚玉 . 京津风沙源治理工程效益 . 北京：科学出版社，2012.

［56］陆建忠，陈晓玲，李辉，等 . 基于 GIS/RS 和 USLE 鄱阳湖流域土壤侵蚀变化 . 农业工程
学报，2011，27（2）：337-344.

［57］盛莉，金艳，黄敬峰 . 中国水土保持生态服务功能价值估算及其空间分布 . 自然资源学
报，2010，25（7）：1105-1113.

［58］刘敏超，李迪强，温琰茂，等 . 三江源地区土壤保持功能空间分析及其价值评估 . 中国
环境科学，2005，25（5）：627-631.

［59］叶彩华，刘勇洪，刘伟东，等 . 城市地表热环境遥感监测指标研究及应用 . 气象科技，
2011，39（1）：95-101.